KB137290

나는 아이에게 왜 그렇게 말했을까?

나는 아이에게 왜 그렇게 말했을까?

아이의 방문이 닫히기 전에
다가가는 엄마의 대화법

임혜수 지음

행성B

차 례

2장

주도성 대 죄의식(5~8세)

죄의식이 생기지 않도록 해주세요

3장

근면성 대 열등감(8~12세)

열등감에 상처받는 시기예요

4장

자아정체성 대 혼돈(12~19세)

자신에 대한 고민으로 혼란스러워해요

프롤로그

엄마는 아이를 너무 사랑하지만 아이의 평생을 책임지지 못합니다. 평생 아이 곁에 있으면서 가장 좋은 것만 주고 싶지만 그렇게 하는 것이 진정 아이를 위한 것이 아님을 우리는 잘 알고 있어요. '엄마, 엄마' 하며 엄마만 바라보고 엄마 곁을 따라다니던 저 작고 귀여운 아이가 자신만의 발달단계를 거쳐 한 성인으로 멋지게 성장합니다.

엄마가 엄마로서 성장하듯 아이도 주도적으로 자신의 삶을 살아갈 수 있도록 발달단계에 맞게 그 나이에 획득해야 하는 기초를 마련해 주어야 해요. 그것이 아이를 사랑하는 일입니다. 아이가 '자신을 사랑하는 사람' '자신을 소중히 여기는 사람'으로 성장할 수 있도록 도와주세요. 이렇게 한 단계씩 구체적으로 대화하다 보면 무엇이 아이를 제대로 사랑하는 길인지 알게 될 거예요.

저는 에릭슨의 발달이론 8단계 중 4단계를 적용해 아이와 대화를 해보았어요. 소아심리분석가 에릭 에릭슨(Erik Erikson)은 독일의 프랑크푸르트에서 태어났어요. 그는 25세 때 학교에 근무하면서 프로이트의 딸 안나 프로이트와 함께 영유아를 대상으로 정신분석을 연구했습니다. 정신분석이론에 의하면 인간 발달은 무의식적인 것이며 행동은 단지 표현상 나타나는 특성일 뿐이라고 해요. 즉, 부모와의 초기 경험이 영유아 발달에 많은 영향을 미친다는 의미랍니다.

프로이트는 인간의 성격 발달에 성적인 에너지의 중요성을 강조한 반면, 에릭슨은 사회적 에너지를 강조하였고 부모뿐 아니라 가족, 친구, 사회, 문화 등 전반적인 환경의 영향에 관심을 보였답니다. 팔, 다리, 머리, 생각 모든 것들이 서로 영향을 미치며 어우러져 성장하듯이 사람의 성격도 계속 발달한다는 의미예요.

에릭슨은 태어나서 죽을 때까지 인간 발달이 일어난다고 보고 이 발달을 심리사회적 8단계로 나누었습니다. 모든 사람은 한 단계씩 성공적으로 성취하며 다음 단계로 올라가 최종 노년기인 8단계에 도착합니다. 1단계는 신뢰감 대 불신감 시기로 태어나서 돌 무렵까지입니다. 이때 엄마는 배고플 때 젖을 주거나 기저귀를 갈아주는 등 아이의 욕구에 반응을 해줍니다. 그러면 아이는 신뢰감이 형성되는데 엄마가 필요한 욕구에 반응해 주지 않으면 불신감을 갖게 돼요. 2단계는 자율성 대 수치심 시기로 부모의 양육 방식에 따라 자율적이고 창의적인 사람이 되느냐 아니면 의존적이고 수치심 많은 사람이 되느냐가 결정되는 시기예요. 이때 부모의 지지와 격려를 받는다면 독립적이고 자율적인 사람으로 성장하고 그렇지 못하면 아이는 수치심을 느끼게 된답니다. 3단계는 주도성 대 죄의식 시기로 친구들과 놀이에서 주도권을 가지려 하고 스스로 행동에 대한 목표나 계획을 세워 일을 성공적으로 완수하려고 하는 시기입니다. 행동을 주도하는 데는 자율성과 책임이 따르며 바람직한 행동이 아닐 때는 벌을 받거나 제재를 받아 죄책감을 느낀답니다. 4단계는 근면성 대 열등감 시기로 학교 교육이 시작되는 때입니다. 읽기, 쓰기, 셈하기 등 학습과 친구들과의 관계를 통해 사회관계가 확대되는데, 사회에서 사용하는 여러 기능을 배우면서 근면성과 성취감도 얻지만 학교 교육과 친구를 통해 열등감을 느끼거나 무기력해지기도 한답니다. 5단계는 자아정체성 대 혼돈 시기로 자신에 대한 끊임없는 질문을 통해 자신에 대한 자아상을 찾으려고 노력을 해요. 또 성 역할의 습득을 통해 자아정체성을 형성하게 된답니다. 인간은 평생을 통해 정체감을 발달시켜야 하지만 청소년기는 정체감 형성에 결정적인 시기예요. 올바른 정체감 형성에 실패하면 알코올과 약물남용에 빠질 수 있고 만성적 비행이나 성격장애를 가져오게 된답니다.

우리는 아이들의 문제 행동의 원인을 궁금해합니다. 아이의 행동을 파악하고 문제를 바라보는 관점은 다양한 이론이 있습니다. 수많은 발달 심리학을 모두 적용할 수는 없으니 저는 이 책에서 '인간의 행동은 우리의 무의식 영역의 영향을 받는다'고 보는 가장 널리 알려진 정신분석이론을 적용해 보았어요. 저 역시 지금도 불쑥불쑥 나오는 행동과 문제가 어릴 적 무의식에 채워지지 못한 욕구 때문이라고 생각해요. 눈에 보이지 않지만 어릴 적 상처받은 경험이 분명 존재하고 지금의 행동에 영향을 준다고 생각하고 있습니다. 이처럼 우리 눈에 보이지 않고 기억하지 못하는 부분이 우리 안에 있어요. 그리고 그것이 우리와 평생 함께 간다고 생각해요.

무의식을 강조하며 정신분석이론을 대표하는 학자로는 프로이트와 에릭슨이 있습니다. 프로이트는 인간 발달을 심리 성적으로 성인 이전까지 봤으나 에릭슨은 전 생애를 거쳐서 각 단계마다 성취해야 할 발달의 과업과 위기를 제시했어요. 저는 이 책에서 과업과 위기의 두 개념이 균형을 이루면서 다음 단계로 발달한다는 에릭슨의 이론에 맞게 대화법을 적용해 보았답니다.

에릭슨은 그의 심리사회적 발달이론 8단계를 만 연령으로 구분했는데 이 책에서는 만 나이가 아니라 한국식 나이로 바꾸어 부모님이 이해하기 쉽게 구분해 보았어요. 이 책에서는 에릭슨의 8단계 중 2단계~5단계까지 총 4단계를 적용했는데 그 이유는 3세~19세까지가 엄마와의 대화와 양육에서 가장 중요한 시기라고 생각했기 때문입니다. 이 시기에 자녀에게 맞는 효율적인 대화법과 그 나이에 많이 일어나는 문제에 대해 엄마가 어떻게 대처하고 대화해야 하는지 개인적인 사례를 통해 설명해 보았습니다. 1단계(12개월까지)는 아직 어려 보통의 대화를 하기가 어려운 나이이고 6단계~8단계는 성인기, 중년기, 노년기로 이 책에 적용하지 않았답니다.

우리 아이의 방문은 어느 날 문득 닫히지 않습니다. 엄마라면 그것을 꼭 기억해야 해요. 또 아이는 방문이 닫히기 전 수없이 엄마에게 크고 작은 신호를 보냅니다. 그때마다 엄마는 아이의 발달단계에 맞는 대화로 아이의 답답한 마음을 풀어 주어야 해요. 5세는 5세에 필요한 대화로 15세는 15세에 맞는 대화로 다가가세요. 그것이 아이를 제대로 사랑하는 방법입니다.

1장

자율성 대 수치심(3~5세)

자율성을 뺏기면 수치심이 생겨요

에릭슨의 심리사회적 발달단계

2단계	3단계	4단계	5단계
자율성 대 수치심 (3~5세)	주도성 대 죄의식 (5~8세)	근면성 대 열등감 (8~12세)	자아정체성 대 혼돈 (12~19세)

에릭슨의 심리사회적 발달이론 제2단계는 자율성 대 수치심 시기예요. 이 시기의 영유아는 신체 발달과 운동 발달 그리고 지적 발달이 일어나고 의사소통이 가능해집니다. 따라서 무엇이든 자유롭게 탐색하고 스스로 해볼 수 있도록 선택의 자유를 주어야 해요.

이 시기는 시도해 보고 싶은 것을 해볼 수 있는 기회를 주어야 하고 그것에 실패하면 자신의 능력을 의심하는 수치심이 생기게 됩니다. 그래서 에릭슨은 이 시기를 자율성 대 수치심의 시기라고 명명했는데요. 아이들은 돌이 지나면 스스로 세상을 향해 걷게 됩니다. 걷는다는 것은 단순히 발을 움직이는 것을 넘어 더 큰 의미가 있습니다. 그건 엄마의 도움 없이 궁금한 곳을 스스로 가볼 수 있고 탐색하고 싶은 것을 탐색할 수 있다는 굉장한 의미거든요.

또 아이들은 “내가 할 거야” “아니야” “싫어” “나 혼자서도 잘해”처럼 스스로 하겠다는 의사 표현을 하는데 엄마는 ‘미운 세 살’ ‘고집쟁이’ ‘말 안 듣는 나이’라고 자꾸 아이를 통제하려고만 해요. 하지만 걱정과 달리 이런 고집들은 아이가 당연히 경험해야 할 과정이랍니다.

이 시기에 아이들은 엄마와 손을 잡고 시장을 가다가도 손을 딱 뿌리치고 앞장서서 가거나 엄마의 도움을 받지 않고 화장실에서 소변을 누고 대변도 뒤처리만 도움을 받으며, 밥도 혼자 먹을 수 있다고 하고, 소꿉놀이를 할 때 아기 역할보다 엄마, 아빠 역할을 원하며 엄마에게 아기 역할을 하라고 해요. 이 역시 아이가 원하는 것을 해보려는 자율성입니다. 하루하루 성장하는 아이를 보면 엄마는 기특하다는 생각을 하면서도 고민이 됩니다. 아이에게 자율성을 주자니 위험한 상황에 노출되는 것 같아 걱정이 되고, 스스로 할 수 없는 것을 시도하는 아이에게 응원보다 ‘하지 마’ ‘안 돼’라는 소리가 먼저 나오니까요. 엄마가 보기에는 서툴러 보이고 뭐든 도와줘야 한다고 생각하지만 아이는 무엇이든지 스스로 하고 싶어 하며 한 인간으로서 세상에 첫발을 내딛고 있답니다.

아이들은 자기조절력을 부모로부터 인정받고자 하는데요. ‘엄마 계단 나 혼자서도 잘 올라가지?’ ‘엄마 나 정리 잘하지?’라며 칭찬받으려 하고 엄마를 돕겠다고 신발을 모두 꺼내 나란히 놓기도 하며 ‘엄마, 한 번만, 한 번만, 딱 한 번만’ 하며 떼를 쓰고 고집을 피워 엄마를 이겨먹기도 합니다. 이때는 못 하는 말이 없을 정도로 폭발적인 언어를 사용하고 행동이 아닌 말로 "싫어" "안 해" "왜 내가 해야 해?"라고 말대꾸를 해요. 아이가 스스로 하겠다고 고집을 피우며 엄마가 하는 말마다 "내가 할 거야" "엄마 바보"라고 말하니 엄마는 큰 난관에 부딪치게 됩니다.

엄마는 아이를 사랑하기에 무엇이든지 아이를 돕고 싶어 제한하고 통제하는데요. 이러면 아이는 안전할 수는 있겠지만 엄마의 통제로 자율성을 빼앗겨 '내가 하는 것이 다른 사람을 불편하게 하네' '내가 하는 것이 잘못된 건가 봐' '내가 원하는 것이 잘못된 거야' '내 행동이 부끄러워'라는 수치심을 얻게 됩니다.

그렇다고 이 시기에 모든 자율성을 허용해 줘야 하는 것은 아닙니다. 위험하거나 다른 사람에게 피해를 주는 행동은 제재해야 해요. 하지만 놀이를 할 때는 무엇이든지 할 수 있다는 아이의 마음을 인정하고 되도록 많은 행동을 할 수 있게 허용하세요. 엄마의 기준이 아니라 아이의 기준에서 마음대로 해도 되는 것을 제재하고 있지는 않은지 돌아보고 아이가 자율성을 발휘할 수 있도록 허용하세요. 또 자신의 능력을 의심하는 수치심이 생기지 않도록 지지하는 것이 바로 엄마의 역할입니다.

1. 제1반항기를 이해해 주세요

"옷도 혼자서 척척 잘 입네." 아이 혼자 하겠다고 고집부릴 때

'무서운 아이.' '미쳐 날뛰는 아이.' '개념 없는 아이.' '엄마를 투명인간 취급하는 아이.' '엄마에게 막말하는 아이.' 엄마는 이런 아이를 도저히 이해할 수 없습니다. 엄마가 부르기만 해도 폭발하니 정말 힘듭니다. 도대체 엄마가 뭘 잘못했는지 모르겠습니다. 사춘기가 되면 원래 저러는 건지 이해할 수도 인정할 수도 없습니다.

학교에서 돌아온 아이에게 반가운 마음에 "학교에서 별일 없었니?"라고 물으면 아이는 침묵으로 '엄마가 알아서 해석하세요'라는 눈빛을 보냅니다.

그러면 엄마는 더 큰 목소리로 아이에게 맞대응합니다.

"학교에서 별일 없었냐고?"

아이는 신경질적으로 또는 무감각하게 대답합니다.

"응…… 없었다고."

'엄마는 무슨 별일이 있기를 바라나? 엄마가 그걸 바라는 건 아니겠지?' 엄마 말에 고개만 끄덕이며 자기 방으로 쏙 들어가 버린 후 휴대폰만 뚫어져라 쳐다봅니다. 엄마 얼굴은 10초도 안 쳐다보더니 휴대폰은 한 시간을 봐도 지겹지 않은가 봅니다. 엄마는 눈물이 핑 돌아 닫힌 아이 방문만 쳐다봅니다. 왜 그럴까요? 어릴 때는 엄마 없이는 못 살겠다고 "엄마, 엄마, 내 엄마" 하며 엄마에게만 매달리던 우리 아이에게 갑자기 무슨 일이 일어난 걸까요?

"난 엄마가 세상에서 제일 좋아." 엄마 얼굴에 볼을 비비며 행복해하던 '엄마 바라기' 우리 아이는 도대체 어디로 간 걸까요?

4세 정인이와 시장에 가는 길이었습니다. 도로에 차가 많아 정인이 손을 잡으니 제 손을 딱 뿌리치고 혼자 앞장서는 거예요. 저는 아이가 다칠까 봐 얼른 아이 손을 잡았죠.

"정인아, 큰길에 차가 많아서 엄마 손 잡고 가야 해."

그런데 정인이는 제 손을 또 딱 뿌리치고 앞장서서 갔습니다.

"정인아, 엄마랑 같이 가야지, 혼자 가다가 넘어지면 어떻게 해? 자꾸 그러면 너 앞으로 시장에 안 데리고 갈 거야."

제가 협박했더니 아이는 못 이기는 척 제 손을 잡았습니다. 그런데 시장에서 제 손을 다시 뿌리치고 나란히 걸어가는 거예요.

저는 시장에서 아이를 잃어버릴까 봐 싫다는 아이 손을 꽉 잡으며 혼냈습니다.

"윤정인, 자꾸 엄마 말 안 들으려면 너 이제 시장 따라오지 마."

"나 혼자서도 잘 갈 수 있단 말이야!"

"그래도 안 돼."

아이는 자기 스스로 엄마 옆에 걸으며 시장 구경을 할 수 있다고 생각했겠죠. 처음으로 엄마 손을 딱 뿌리치고 혼자 가겠다는 것은 '엄마, 나 이제 혼자 할 수 있어요' '내가 하고 싶은 것을 해 볼 거예요'라는 신호입니다. 이런 신호는 만 2세 반에서 4세 반까지 나타나는 자율성입니다. 엄마가 보기에는 아이가 이유 없이 고집부리는 것 같겠지만 사실 만 2세 반에서 4세 반경까지가 바로 자기주장이나 독립에 대한 욕구가 강하게 나타나는 제1반항기입니다. 이때 아이는 자기주장과 독립적인 행동을 통해 자아가 싹트기 시작합니다. 자아가 형성되면서 '고집부리고, 토라지고, 짜증 내고, 화내는' 과정을 통해 스스로 성장합니다. 아이는 이러한 제1반항기를 거쳐 제2반항기인 사춘기를 맞이합니다. 제1반항기를 거치지 않는 경우 건전한 자아가 발달하지 못한다는 위험한 신호예요.

제1반항기에 아이는 자신이 원하는 것을 하고 싶어 합니다. 엄마가 보기에는 아이 스스로 할 수 없는 것을 하려고 하고 위험한 행동을 하는 것처럼 보여 자꾸 통제하려고 합니다. 그런데 엄마의 통제로 자율성을 빼앗기면 '내가 잘못하고 있나?' '내가 잘못된 것을 하고 싶어 하나?' 하는 생각에 아이는 수치심을 가지게 됩니다. 아이들의 자율성을 모두 허용해야 하는 것은 아닙니다. 위험하거나 다른 사람에게 피해를 주는 행동은 제지해야 해요. 그런데 이런 상황이 아니라면 아이들의 자율성을 최대한 발휘하도록 허용해 주세요. 아이가 '나 혼자 할 거야' '내가 할 거야'라고 고집을 부리면 엄마는 손뼉 치면서 축하해 줘야 합니다. 아이가 '나'로서 제1반항기를 거치며 멋지게 성장하고 있다는 증거니까요.

승현이가 4세 때 저는 아침마다 전쟁을 치렀습니다. 아이가 어린이집에 갈 준비를 해 놓고 출근해야 했기 때문입니다. 준비물도 챙기고 오늘은 단체복인지 사복인지 꼼꼼히 살펴봐야 하거든요. 오늘은 단체복인 체육복 입는 날입니다.

"승현아, 빨리 와. 오늘 체육복 입는 날이라 이거 입어야 해."

"싫어. 난 다른 거 입고 가고 싶어."

"친구들은 다 체육복 입는데 너만 다른 거 입고 가면 선생님이 참 잘했다고 칭찬하시겠다."

저는 아들에게 비아냥거렸습니다. 바쁜 제가 아이를 가장 빨리 설득하는 방법이거든요.

"알았어. 체육복 입을게. 그런데 나 혼자 입을 거야."

저는 바빠 죽겠는데 체육복 바지를 앞으로 폈다 뒤로 폈다 다리를 하나 넣으며 다른 쪽 바지에 다리가 들어가지 않아 뒤뚱거리는 모습에 정말 답답해 미칠 지경이었습니다. 그래도 배운 엄마랍시고 참고 아이에게 말했어요.

"승현아, 긴바늘이 6에 올 때까지 옷을 다 입어야 해. 아니면 엄마 늦어."

승현이는 시계를 보더니 낑낑대며 30분이 조금 지나서야 옷을 다 입었습니다.

"엄마, 나 혼자 잘하지? 나 이제 형아지? 나 혼자 옷 잘 입지?"

옷을 입긴 했는데 이걸 잘했다고 해야 하나? 제 마음에 썩 들지 않네요. 저는 못 이기는 척 고개만 끄덕였는데 그날이 다시 돌아온다면 만사 제쳐놓고 말할 것입니다.

"우와! 우리 승현이는 옷도 척척 잘 입고 형아 맞네, 맞아."

저는 아들이 그토록 듣고 싶어 하는 이야기로 한껏 치켜세워 줄 것입니다.

'기다려. 엄마가 해줄게.' '위험하니까 엄마가 대신 해줄게.' 혹시 아이 스스로 경험해야 하는 것을 차단하고 있지는 않으신가요?

대나무의 마디는 단단한 생명력입니다. 강한 비바람이 불어도 흔들릴 뿐 부러지지 않고 제자리로 돌아오거든요. 대나무의 마디처럼 제1반항기를 충분히 거친 아이는 제2반항기인 사춘기 역시 스스로 잘 견디며 성장합니다. 아이는 제1반항기를 거치면서 엄마의 당부와 훈계가 아닌 자기가 관심 있는 대화를 원해요. 아이는 관심 있는 이야기를 하고 싶은데 엄마가 자꾸 엄마 말만 맞다고 우기니 시간이 지날수록 엄마의 말에 짜증만 납니다. 저도 어릴 때는 엄마가 말하면 무조건 순응했지만 어느 순간 엄마의 당부가 귀찮고 간섭 같아 귀를 닫게 되더군요.

"너 듣고 있는 거니? 엄마가 뭐라고 했어?"

엄마가 다시 물으면 기억이 나지 않아 멀뚱멀뚱 엄마를 쳐다봅니다. 얼른 정신을 차리고 대답합니다.

"내가 그걸 왜 몰라? 내가 애야?"

"그럼 네가 애지 어른이야?"

"됐어, 엄마는 맨날 똑같은 말만 해. 나도 다 아니까 그만 잔소리해."

이렇게 엄마에게 말대꾸해서 몇 배로 혼났던 기억이 나는데요. 그 후로 엄마가 저를 믿지 않는다고 생각해서 더 이상 엄마와 말하고 싶지 않았습니다. 그런데 제가 엄마가 되어 보니 엄마가 그때 왜 그랬는지 알겠더라고요. 엄마는 제가 걱정되고 챙겨주고 싶은 마음에 확인하고 여러 번 당부했던 것입니다. 저 역시 사랑하고 걱정되는 마음에 아이에게 끊임없는 훈계를 하게 되더군요. 그렇지만 그때 어린 저는 엄마가 절 믿어주지 않는다고 생각해서 무척 힘들었습니다. 아이 역시 마찬가지로 엄마가 자신을 믿지 않아 잔소리를 늘어놓는다고 생각해 버립니다. 우리 아이가 '싫어, 안 해, 몰라, 내가 할 거야'라고 말한다면 아이가 제1반항기를 거치는 중이라는 것을 알고 이해해 줘야 해요. 또 아이가 왜 모든 것을 혼자 하려고 하는지를 이해한다면 아이를 조금 더 격려해 줄 수 있습니다.

아이를 이해한다는 것은 고집부리고, 토라지고, 짜증 내는 힘든 마음과 성장하고 있는 좋은 마음을 모두 이해하는 것입니다. 제1반항기를 거친 아이는 건강한 사춘기를 맞이해요. 하지만 엄마에게 어려운 도전은 우리 아이가 제1반항기와 제2반항기를 거치며 성장하는 것을 이해하는 일입니다. 엄마의 기준에서 벗어나 아이를 이해하고 믿는다면 아이는 건강한 시행착오 속에서 진정한 나로 성장하게 될 것입니다.

"먹고 싶은 만큼 먹고 반찬은 남겨도 돼." 밥 안 먹고 투정 부릴 때

"밥 먹을 때마다 전쟁이에요."

"도대체 어떻게 해야 밥을 잘 먹을지 매번 떠먹여 줄 수도 없고 그렇다고 안 먹일 수도 없고 스스로 먹으라 하니 세월아 네월아 하고 정말 속 터져서 미칠 지경이에요. 유치원 버스 시간은 다가오는데 아이는 꿈쩍도 안 하고 매일 혼자 바빠 미치겠어요."

"밥 먹이며 혼냈다 달랬다 온갖 방법을 동원하고 협박을 해도 그때뿐이니 도대체 어떻게 해야 할지 모르겠어요."

많은 엄마들이 아이들 식습관 지도 때문에 힘들어합니다. 영유아 때는 식습관 지도로 교사와 갈등도 많습니다. 극단적인 예로 식습관 지도를 하다 아동학대가 일어나는 사례도 많습니다. 집에서 밥을 잘 먹지 않으니 제발 어린이집에서라도 잘 먹기를 바라지만 교사 역시 식습관을 고치는 것이 만만치 않습니다.

"저는 밥 먹이는 사람 같아요. 매번 상담 때마다 편식 지도를 부탁하시니 담임으로서 유난히 부담이 되네요."

교사의 고민은 직업에 대한 회의까지 느끼게 합니다. 유대인들은 가급적 매일 하루 한 끼는 온 가족이 함께 대화를 나누는 밥상머리 교육을 실천합니다. 소소한 일상부터 학교 및 종교 생활, 진로, 직업 선택 등 주제는 무궁무진합니다. 유대인이 전체 노벨상 수상자의 약 30퍼센트를 차지하는 비결이 밥상머리 교육에 있는 것만은 아니겠지만 밥상머리에서 부모와의 소통, 궁금증을 풀어주는 대화가 큰 영향을 미친 것은 분명 맞습니다. 밥상머리 교육의 가장 큰 효과는 소통, 창의력, 상상력 증가도 아닌 밥 먹는 시간의 즐거움입니다.

3~5세 아이의 엄마들은 아이가 음식을 잘 먹지 않는다고 걱정합니다. 하지만 이 시기의 아이들은 엄마가 생각하는 것처럼 많이 먹지 않습니다. 엄마의 가장 큰 오해가 아이들은 무조건 잘 먹어야 한다는 것인데 3~5세 때는 체중이 세 배로 늘어나는 첫 돌처럼 많이 먹고 싶어 하지 않습니다. 아이가 잘 안 먹는다고 여러 가지 궁리를 해서 억지로 먹인다면 당장 만족은 되겠지만 장기적으로 보면 나쁜 습관을 만들어 주는 것입니다.

기질적으로 까다롭고 예민한 아이는 조리법을 바꾸거나 재료를 신경 써야 해요. 또 무조건 강제로 먹이는 것보다 음식을 먹어야 하는 이유를 지속적으로 설명해 주면 아이들도 음식을 왜 먹어야 하는지 이해하게 됩니다. 또 아이들은 주변에 자기가 좋아하는 물건이 있으면 그 물건에 관심이 쏠려 잘 먹지 않을 수 있어요. 또 아이는 엄마를 이겨보겠다는 마음이 생기면 음식을 가지고 실랑이를 벌입니다. 배가 고파도 엄마가 빨리 먹으라고 애원하면 일부러 더 안 먹습니다. 엄마와 줄다리기를 하는 것입니다. 대부분 이 줄다리에서는 아이가 엄마를 이기게 되는데요. 또 어떤 날은 엄마의 성화에 못 이겨 딱 한 순갈만 더 먹겠다고 하면 엄마는 더 먹이려는 마음에 싫어하는 반찬까지 커다란 한 순갈을 얹어주니 아이는 그 후로 더 이상 엄마가 원하는 대로 움직여주지 않겠죠.

즐겁게 먹어야 잘 크는데 밥 먹을 때마다 혼나고 재촉당하면 밥이 보약이 될 수 없잖아요. 엄마는 밥 먹기 전부터 부정적인 말을 쏟아내며 아이를 다그칩니다.

"너 오늘도 밥 빨리 안 먹기만 해, 유치원 늦어도 엄마는 진짜 몰라."

"오늘은 밥 빨리 먹기로 어제 엄마랑 약속했지? 그러니까 어서 밥 먹어."

"반찬 투정하지 말고, 빨리 먹어."

엄마는 절대 하지 말아야 할 말들을 쏟아붓습니다. 밥 좀 맛있게 먹어주면 좋겠는데 깨작깨작 천하태평인 아이에게 좋은 마음을 가질 수 없네요. 모든 습관처럼 식습관은 하루아침에 형성된 것이 아니기에 시간을 가지고 천천히 바른 습관을 길러주어야 해요. 어떤 전문가들은 밥을 잘 먹지 않는 아이에게는 '밥 치우기'를 권합니다. 엄마가 제발 좀 먹으라고 매달리면 더 안 먹는 아이가 되니 안 먹으면 싹 치워버리고 배고플 때까지 주지 말라고 합니다. 그렇지만 그것이 모든 아이에게 적용되는 것도 아니더라고요. 단호하게 '밥 치우기'를 못 하고 아이와 전쟁하는 것이 엄마 잘못이라고 말하지만 사실 저도 잘 안 먹어 뼈만 남아 있는 승현이에게 밥 치우기를 차마 할 수 없었습니다. 그래도 제가 엄마로서 잘한 것은 잘 먹지 않는 승현이에게 야단치지 않은 것입니다.

"승현아, 조금만 더 먹으면 힘이 불끈 생길 텐데."

"승현이가 한 수저만 더 먹으면 엄마는 너무 기뻐 불끈 힘이 날 것 같아."

애절한 눈으로 아이에게 호소했습니다. 그러자 개미 눈물만큼 아주 서서히 좋아졌습니다. 편식하고 밥을 잘 먹지 않는 아이에게 야단치는 것은 반짝 효과일 뿐 나쁜 식습관을 만들어 주는 것입니다.

저는 잘 안 먹고 편식이 심한 승현이를 위해 이 방법을 실천해 보았습니다.

첫째, 긍정적으로 말하고 엄마와 함께 밥을 먹기.

"8시가 되면 맛있는 아침을 차릴 거야. 엄마랑 맛있게 먹자."
아이 혼자 밥 먹는 것에서 엄마와 함께 밥 먹는 것으로 바꿔 보고, 아이에게 시간을 미리 말해 조금 후 밥 먹을 시간이라는 것을 예측하게 했습니다.

둘째, 그릇의 종류와 모양을 다양하게 하기.

넓은 접시에 담아주고 도시락에 담아주고 주먹밥처럼, 롤 김밥처럼, 아이스크림 모양으로 만들어 주기도 했습니다. 그릇과 모양을 바꾸면 아이들은 호기심에 재미난 식사를 합니다.

셋째, 밥의 양은 조금 적게 주기.

남아서 못 먹는 것보다 더 먹는 것이 훨씬 좋습니다. 아이에게 밥을 다 먹었다는 성취감을 느낄 수 있도록 했습니다. 유치원 선생님께도 밥의 양을 조금 적게 주라고 부탁드려서 아이가 다 먹은 후 더 먹게 했습니다. 밥을 못 먹어 꼴찌가 되어 친구들에게 창피하고 자존감이 하락하는 것보다 한 번 더 먹는 것이 아이 심리에 좋습니다.

넷째, 데코 이용하기.

깃발에 '승현아, 얌얌 맛나게'라는 응원 메시지를 써서 밥에 꽂아놓습니다. 깃발에 귀여운 하트를 그려놓고 당근이나 오이, 바나나, 메추리알로 데코를 해주었어요. 아이는 작은 변화에 신나 합니다. 엄마도 예쁜 커피 잔에 기분 좋아지는 것처럼 아이도 데코에 영향을 받습니다.

다섯째, 밥은 다 먹되 반찬은 남겨도 된다고 해주기.

밥과 반찬을 골고루 싹싹 다 먹으면 좋겠지만 먹기 싫은 것을 억지로 먹게 하면 보약이 아닌 독이 됩니다. 아이에게 억지로 먹이면 스트레스를 받게 되고 그 음식을 영영 싫어하게 될 수도 있으니 반찬은 먹고 싶은 만큼 먹도록 해주세요.

여섯째, 선택권 주기.

아이 스스로 먹을 만큼 밥 담기, 식탁에 앉아서 먹을지 거실에서 먹을지 엄마랑 똑같은 그릇에 먹을지 다르게 먹을지 선택하기, 밥 먹은 후 요구르트를 마실지 과일을 먹을지 선택권을 주면 식사시간이 즐거워집니다.

일곱째, 엄마의 식습관 식사 예절 점검하기.

엄마 스스로 바른 식습관과 식사 예절을 갖고 있는지 살펴봅니다. 아이의 식습관을 고치는 데 가장 중요한 비결은 엄마의 식습관 태도를 점검해 보는 것입니다. 아이들은 엄마의 모습을 스펀지처럼 모두 흡수하거든요. 즐거운 마음으로 식사하기 위해서는 엄마의 노력이 가장 중요해요.

우리 아이의 식습관을 좋게 길러주려면 위의 7가지 방법을 잘 적용해 보세요. 밥이 보약이 되려면 먼저 밥 먹는 것이 즐거운 아이가 되어야 해요. 엄마의 긍정적인 표정과 다양한 시도가 아이의 식습관 개선에 많은 도움을 줄 것입니다.

3. 아이와의 약속을 지키세요

"하루에 한 시간은 함께 놀자."
아이와 놀려고 하면 다른 일이 생길 때

"아이와 놀아주겠다는 약속을 지키지 못하고 늘 다음으로 미루게 돼요."

"아이와 놀려고 하면 그때 딱 일이 생겨요."

엄마들은 아이와 노는 것이 양육 스트레스를 넘어 양육 전쟁이라고 합니다. 엄마는 많은 시간을 아이와 함께 있지만 놀아주는 것은 늘 미루고 싶은 숙제입니다. 엄마가 자라면서 잘 노는 방법을 배우지 못했다면 아이와 함께 노는 것이 힘들지도 모릅니다. 친구와 커피 약속은 미루지 않는데 왜 아이와의 놀이 약속은 자꾸 미룰까요? 우리 아이는 친구보다 훨씬 중요한 존재인데 말입니다.

"정인아, 이모랑 커피 한잔만 하고 다음에 놀아줄게."

"치, 엄마는 맨날 다음이래?"

"엄마가 조금 있다가 놀아준다니까."

"엄마는 맨날 그렇게 얘기해."

"야, 윤정인!"

엄마는 아이와 노는 게 힘든가 봅니다. 잘하고 싶은데 자꾸만 미루고 싶은 숙제 같아요. 그럼 이렇게 해보면 어떨까요? 딱 결심하는 것입니다. 아이와 놀겠다고 약속했으면 무조건 노는 거예요. 아침에 출근하듯이 딱 마음먹고 놀아주는 것입니다. 제가 너무 쉽게 말한다고요? 쉽게 말하는 것이 아니라 매일 아이와 놀아주는 것이 얼마나 어려운지 알기에 변명하고 싶은 마음을 없애자는 의미입니다.

앞으로 이렇게 수첩에 적어놓습니다. '월요일 저녁 3시부터 5시까지는 정인이와 우리 동네 구경 다니기.' '유치원 다녀와서 매일 한 시간 놀아주기.' 엄마 수첩에 적어놓고 매일 유치원 다녀온 아이와 한 시간을 신나게 놀아줍니다. '8시에서 9시까지는 동화책 읽어주기.' 엄마는 매일 8시만 되면 하던 일을 멈추고 동화책을 들고 아이에게 다가갑니다. 또 아이와 어떤 놀이를 할지 함께 의논해도 됩니다.

"엄마가 하루에 한 시간을 너와 놀아줄 수 있는데 어떤 거 하고 싶어? 블록놀이, 동화책 읽기, 함께 놀이터 가기 중 정인이가 선택할 수 있어."

이런 선택권이 아이를 즐겁고 적극적으로 만듭니다. 아빠에게 아이와 놀아주게 하는 것도 좋은 방법입니다. 아이와 노는 법을 모르는 아빠를 위해 아주 구체적으로 말하거나 미션을 주고 과다한 경쟁 놀이는 자제해 주세요.

"정인이와 놀아줘." 대신 "정인이와 마트 가서 쇼핑리스트에 있는 물건 사다 주세요."

"일주일에 3번, 30분씩 정인이와 놀이터에서 놀아주세요."

"토요일 오전은 정인이와 우리 동네 산책해 주세요."

이런 식으로 구체적으로 말해 주어야 해요. 또 아빠에게 몸을 움직이는 활동적인 놀이를 권유하는 것이 좋아요. 블록놀이나 퍼즐 맞추기, 책 읽기처럼 정적인 활동은 양육에 서투른 아빠에게 어려운 시련일지도 모르거든요.

"남편에게 아이와 놀아주라고 했더니 야단치고 싸우기나 해서 제가 더 힘들어요."

엄마는 아빠에게 아이와 놀 수 있는 다양한 놀이를 제시하고 아빠가 선택하게 해주세요. 아빠들은 몸으로 하는 활동을 좋아하니 놀이터에서 놀기, 산책하기, 축구하기, 자전거 타기를 선택할 것입니다. 이렇게 아빠가 선택한 놀이는 지속적으로 할 수 있답니다.

아이들은 왜 엄마와 놀고 싶어 할까요? 아이들은 놀이를 통해서 모든 것을 배웁니다. 놀이를 통해서 사회성이 형성되고 다양한 감정도 배울 수 있지요. 가끔은 자기 뜻대로 되지 않아 속상해 울고 토라지지만 그 속에서도 감정을 배우며 성장하고 있답니다. 아이들은 엄마와 가장 밀접한 관계로 엄마와 노는 것을 가장 좋아하고, 특히 집에 있는 물건을 이용하여 놀고 가상 놀이와 자유 놀이도 즐겨 합니다. 엄마가 생각하기에는 그냥 어지르는 것처럼 보이지만 지금 창의력과 상상력이 쑥쑥 자라는 중입니다. 이렇게 엄마와 자주 놀아본 아이는 유치원에서도 놀이에 잘 참여하고 주도하게 됩니다. 또 놀이를 하면서 감정을 다양하게 표현하고 친구의 감정도 이해하죠.

아이들은 엄마에게 놀고 싶다는 신호를 보냅니다. 이때 엄마가 반응을 보이고 함께 놀아주면 아이는 자신이 신호를 보내면 엄마가 놀아준다는 사실을 터득하게 됩니다. 아이는 이 신호를 통해 엄마가 나를 사랑한다고 느끼고 정서적 안정을 얻을 수 있습니다. 아이는 엄마와 함께 노는 것 자체가 좋은 것이고 어떠한 목적도 없습니다. 놀이를 하면서 자기 스스로 참여하고 주도하기에 노는 것 자체가 즐겁고 결국 긍정적인 자아가 형성됩니다.

우리는 별로 중요하지 않은 일에 많은 에너지와 시간을 뺏기고 상처받습니다. 중요하지 않은 일에 상처받지 말고 아이와 함께하는 시간에 우선순위를 두면 어떨까요? 엄마가 아이와의 약속에 별표 치며 기다리는 마음을 전한다면 아이는 얼마나 행복할까요?

유대인들은 아이와 함께하는 시간에는 현관문에 메모해 놓습니다. '4시부터 6시까지는 아이와 함께하는 시간입니다. 6시 이후에 방문해 주세요.' 그리고 그 시간은 오직 아이와 함께합니다.

"정인아, 오늘 저녁에 엄마랑 마트 가자. 유치원에서 친구들과 신나게 놀고 와! 엄마가 우리 정인이 기다리고 있을게."

이런 기대의 말이 아이에게 행복을 전해 줄 것입니다.

저는 엄마가 많이 놀아주지는 않았지만 어린 시절 엄마와 함께했던 시간이 무척 그립습니다. 제가 전통놀이에 대한 책을 쓰게 된 이유도 엄마와 함께했던 순간을 영원히 기억하고 싶어서입니다. 아이는 엄마와의 시간을 보내며 '나는 엄마에게 행복을 주는 존재구나. 엄마는 나를 사랑하는구나'라고 온 마음으로 느끼거든요. 그런데 간혹 아이와 놀기만 하면 싸우는 엄마가 있습니다. 큰맘 먹고 아이와 놀아주다가 아이를 혼내는 것으로 끝이 납니다. 그 이유는 놀이를 경쟁처럼 하기 때문이에요. 엄마와 함께하는 놀이의 목적은 경쟁이 아니라 즐겁게 아이와 노는 것인데 게임을 통해 승부를 내려 합니다. 그러니 아이들도 유치원에 오면 친구와 서열을 매기고 승부를 가리며 놉니다. 그냥 놀면 어떨까요? 엄마와 함께 놀 때 경쟁에 목적을 두기보다 노는 것 자체가 즐거운 놀이를 권장하고 싶습니다. 10세 이전의 아이들은 경쟁보다 놀이를 통해 즐거움을 느끼는 것이 놀이의 가장 큰 목표입니다.

즐겁게 놀기를 우리 함께 실천해 볼까요?

첫째, 놀이의 목표는 즐거움입니다.

아이가 즐거움을 느끼지 못한다면 놀 이유가 없습니다. 놀이를 통해 무언가 배우거나 결과가 있어야 한다고 생각하지 말고 여러 가지 장난감을 섞고 놀이를 병행해서 집이 어질러지더라도 즐겁게 놀아주세요.

둘째, 아이의 현재 발달 수준에 맞게 놀아주세요.

아이의 발달 수준은 5세인데 엄마는 7세처럼 놀아주면 재미가 없습니다. 또 발달 수준에 맞게 놀면 놀이를 통해 배우고 성장하는 즐거움도 맛보게 됩니다. 퍼즐 놀이를 통해 공간지각능력이 발달하고 원하는 책을 여러 번 읽어주다 보면 글자에 관심을 가지게 됩니다.

셋째, 아이의 감정을 공감하면서 놀아주세요.

아이가 소꿉놀이에서 엄마 역할을 하며 아이를 혼내고 있다면, 엄마에게 혼났던 순간을 놀이를 통해 내어놓는 것입니다. 그럴 때는 옳고 그름을 판단하지 말고 아이의 감정을 공감하며 놀이에 집중해 주세요.

넷째, 이기고 싶은 아이의 마음을 이해해 주세요.

아이는 놀이에서 이기고 싶은데 그것이 마음대로 되지 않습니다. 친구와 놀 때도 졌는데 엄마랑 놀 때 또 지면 속상할지도 모릅니다. 이기고 싶은 아이의 마음을 지지해 준다면 아이는 놀이에 흥미를 느낄 것입니다.

아이들은 원할 때 사랑을 듬뿍 주면 엄마에게 매달리지 않습니다. 배고플 때 먹지 못하면 커서도 먹는 것에 집착하게 되듯이 아이가 원하는 지금 이 순간 즐겁게 놀아주세요. 그것이 가장 큰 추억이고 선물입니다.

4. 네 잘못이 아니라고 말해주세요

"아토피는 네 탓이 아니야."
자신을 부정적으로 생각할 때

오늘 용가리 치킨을 구우며 아들 생각을 했습니다. 아들은 아토피가 너무 심해서 안 가본 병원이 없을 정도입니다. 민간요법을 믿고 더 악화시킨 엄마들을 정신 나갔다고 비난해도 그 간절한 마음을 알기에 그때는 이상한 치료법에도 귀가 솔깃했답니다. 승현이와 함께 외출하면 사람들은 아토피 있는 아들을 측은한 듯 바라봤지요.

"아이고, 얼마나 아플까? 너는 어쩌다가 피부가 이렇게 되었니?"

그러고는 저에게 왜 이렇게 심하냐고 꼬치꼬치 묻고, 자신들이 알고 있는 민간치료법과 병원을 소개해 줍니다. 어떤 사람들은 저를 위아래로 쳐다보며 '저 엄마는 애를 어떻게 키웠기에 애가 피부가 저래?' 하는 무언의 시선으로 수군거렸습니다. 경험하지 않은 사람은 그 마음을 절대 알 수 없었을 것입니다. 제 마음은 정말 아팠습니다. 아들에게 바라는 것은 오직 건강 하나였어요.

아들이 유치원 다닐 때 용가리 치킨은 사이다와 계란처럼 소풍날 꼭 가져가야 하는 메뉴였습니다.

"엄마, 친구들은 내일 모두 용가리 치킨 싸온대. 나도 싸가고 싶어."

"안 돼, 너 그런 거 먹으면 안 되는 거 몰라?"

"왜 나만 안 돼? 친구들은 다 되는데 나는 왜 안 돼?"

아들은 작은 소리로 혼자 말하며 블록만 만지작거립니다. 차라리 울고 떼를 썼다면 제 마음이 덜 아팠을 텐데 말입니다. 그런 아들에게 할머니는 용가리 치킨을 사러 가자고 했습니다.

"승현아, 걱정 마. 할머니가 내일 용가리 싸줄게. 지금 슈퍼에 용인지 호랑이인지 그거 사러 가보자."

아들은 제 눈치를 보며 못 이기는 척 할머니와 함께 용가리 치킨을 사왔습니다.

"승현아! 엄마가 분명히 말했지. 절대 안 된다고 했는데 너 왜 그래?"

저는 아들과 친정엄마에게 불을 뿜으며 화를 냈습니다.

"엄마는 왜 그래? 어차피 안 되는데 애 버릇 나빠지게 뭐하려고 용가리 치킨을 사와?"

용가리 치킨을 싸가려고 기대하고 있는 아들에게 상처를 주는 것 같아 친정엄마에게 서운한 마음까지 들었습니다.

소풍날 아침 저는 직장인 유치원으로 일찍 출근했고 아들은 할머니와 함께 소풍 준비를 해서 유치원에 도착했습니다. 아이들은 도시락이 든 가방을 메고 개선장군이라도 된 듯 들뜬 모습으로 소풍을 떠납니다. 꽃들이 만발한 소풍 장소에 도착해서 꽃구경을 한 후 소풍의 꽃인 점심시간이 되어 도시락을 펼쳤습니다. 용가리를 싸가지 못한 아들이 얼마나 속상해할지 생각하니 차라리 소풍을 가지 않았더라면 좋았겠다는 생각마저 들었습니다. 그런데 저 멀리 아들이 환한 모습으로 친구들과 이야기하며 도시락을 펴고 있습니다. '이거 뭐지? 이 상황은 뭐지?' 하며 저는 아들 곁으로 갔습니다. 그런데 아들도 용가리 치킨을 싸온 것이었습니다. 자세히 보니 반은 진짜 용가리, 반은 두부로 만든 이상한 용가리였습니다. 아들은 용가리 한 마리를 들고 환하게 웃으며 좋아했습니다.

승현이는 친구에게 자기 용가리를 건네며 자기 것도 먹어보라고 권했고 친구 역시 자기 반찬을 나누어주며 행복한 점심을 보내고 있었습니다.

아이들은 엄마가 자신을 야단치는 것을 자신을 미워하기 때문이라고 생각합니다. 가령 엄마는 아이가 손가락을 빠는 버릇이 걱정되어 제재하는 것뿐인데 아이는 엄마가 자신을 미워한다고 생각하죠. 그래서 부정적인 관심을 많이 받은 아이들은 자신감이 없고 소심해 보일 수 있습니다. 아토피 때문에 얼굴과 팔에 상처가 났는데 사람들이 자꾸 자신의 상처에 대해 언급하면 아이는 자존감이 낮아지고 자신을 부끄럽게 생각합니다. 상처가 난 피부를 자신과 동일시하는 것입니다. 이것으로 아이는 자신의 존재에 대해 부정적인 감정을 갖게 됩니다. 또 친구와 다르다는 이유로 자신감이 떨어지고 자신을 보잘것없는 사람이라고 생각하기도 합니다. 아토피로 생긴 상처보다 자신을 부정적으로 생각하고 부끄럽게 생각하는 것이 더 문제가 되죠. 아이들은 상처와 자신을 분리해서 생각하는 것이 아직 어렵습니다. 그래서 아토피가 치료된 후에도 마음의 상처는 부끄럽고 부정적인 감정으로 마음 속 깊이 자리 잡게 돼요. 이런 수줍음이 엄마가 보기에는 굉장히 답답하게 느껴질지 모릅니다. 하지만 한 인격체로서 타고난 기질과 외부적인 환경의 영향 때문이라고 생각해 보세요. 아이를 있는 그대로 바라보면서 점점 더 좋아질 수 있다는 확신을 주고 지지하는 것이 바로 부모의 역할입니다.

엄마로서 미숙한 저는 아이 마음의 상처를 미처 헤아리지 못했어요. 아토피에 조금이라도 좋지 않은 음식은 절대 먹이지 않는 것만이 아들을 사랑하는 것이라 믿었습니다. 어쩌면 이상하게 보는 사람들의 시선이 제 마음을 힘들게 했나 봅니다.

아이의 아토피가 심하다는 사람들의 말이 저를 질책하는 소리로 들렸어요. 그래서 아이에게 더 날카롭고 예민하게 '안 돼'라는 말을 해버렸습니다. 소풍날 할머니가 반반 용가리를 싸주지 않았다면 아들은 아토피가 있는 자신을 미워했겠죠. 상처는 가슴 속에 꽁꽁 숨긴 채 스스로를 탓했을 것입니다.

"승현아, 아토피는 네 탓이 아니고 창피한 것도 아니야."

"승현아, 아토피가 있는 건 피부가 예민해서 그런 거야. 그러니까 숨기지 않아도 돼."

그 후 제가 아무리 괜찮다고 말해도 사람들의 따가운 시선과 엄마의 '안 돼'라는 말을 아이는 견디기는 힘겨웠을 것입니다. 승현이는 용가리가 먹고 싶었던 것이 아니라 친구들과 똑같이 용가리 치킨을 싸가고 싶었겠죠. 아이에게 좋지 않은 영향을 미치는 것이라도 엄마가 하지 말아야 하는 말이 있어요.

"안 돼."

"안 되는 거 알아, 몰라?"

"안 된다고 했어."

이 말 대신 아이의 마음에 상처를 주지 않는 말을 찾아야 해요. 아이의 마음에 상처를 주는 것보다 안 좋은 음식을 조금만 먹게 하는 것이 더 좋은 처방전입니다. 저는 그 후 아이가 자신을 미워하는 상황을 만들고 싶지 않았습니다. 그래서 아이의 친구들이 다 모인 자리에서는 탄산음료도 튀김과 햄버거도 먹게 했습니다. 그러면 아들은 조절해서 조금만 먹었어요. 아들은 햄버거를 못 먹어서 속상한 것이 아니라 친구와 다른 자신을 보여주기 싫었던 것입니다. 엄마는 무엇이 아이를 위한 것인지 알아차려야 합니다. 아이를 위해서라고 말하지만 그것이 엄마의 창피한 마음을 감추기 위한 것인지, '나는 좋은 엄마이고, 아이를 잘 키우는 엄마야'라는 방어기제를 사용하는 것인지 알아야 합니다. 그때의 저는 '내가 잘못해서 아이가 아토피가 있는 것은 아니야'라며 저 자신을 합리화했지만, 지금은 무엇이 아이를 위한 것인지 무엇이 아이의 마음의 상처를 치료하는지를 가장 먼저 헤아리는 엄마가 되었다고 생각합니다.

5. 일관되게 말해주세요

"안 되는 건 안 돼." 떼를 쓸 때

도대체 어떻게 해야 할지 모르겠습니다. 정인이가 '엄마, 한 번만. 다음에는 안 그럴게? 응?' 하며 떼를 쓸 때 된다고 하면 버릇 나빠질까 걱정되고 안 된다고 하면 울어버리니까요. 그런데 정인이는 꼭 제가 바쁠 때 '엄마, 한 번만' 카드를 씁니다. 엄마 머리 위에 앉아 있는 이 꼬마를 어찌해야 할까요? 승현이는 '안 돼'라고 말하면 딱 알아듣는데 정인이는 늘 '한 번만' 하고 조릅니다. 정인이에게 '안 돼'라고 말하면 나쁜 엄마가 된 것 같아 마음이 불편합니다.

저는 나쁜 엄마가 맞습니다. 정인이가 떼쓴다고 들어주고 승현이처럼 안 조르면 안 들어주는 일관성 없는 엄마입니다. 오늘도 정인이가 아침부터 유치원에 장난감을 들고 가겠다고 떼를 쓰기 시작합니다.

"정인아. 유치원 가야 하는데 어서 어서 블록 정리해야지."

이렇게 말해도 못 들은 척 계속 블록만 가지고 놀기에 저는 정인이에게 다가가서 말했습니다.

"유치원 가야 하니까 블록 정리하고 어서 옷 입자. 엄마 바빠."

"난 블록놀이 더 하고 싶은데."

"지금 옷 안 입으면 유치원 늦어."

"그래도 난 더 놀고 싶은데, 유치원 가기 싫은데, 난 블록놀이 할 거란 말이야."

"윤정인! 어서 정리해."

결국은 제가 같이 블록을 정리하고 아이에게 옷을 입혔습니다. 아침부터 바빠 죽겠는데 이론처럼 아주 평화롭게 아이의 마음을 공감해 줄 수가 없었습니다. 또 블록놀이가 더 하고 싶어서 그러는 것인지 아니면 유치원에 가기 싫은 건지 바쁜 아침에 떼를 쓰는 아이를 보면 어찌해야 할지를 몰랐습니다. 그때는 아이의 마음을 읽어주기보다는 아이가 유치원 늦을까 걱정이 되고 저렇게 고집부리고 엄마 말을 시큰둥하게 듣는 아이에게 약까지 올랐습니다. 이렇게 강제 종료하고 나면 유치원 가는 길에 정인이는 짜증을 내기도 하고 울기도 하니 제 마음이 편하지 않았습니다. 저는 단 5분이라도 아이의 마음을 알아주려고 하지 않았습니다. 블록놀이는 유치원 갔다 와서 해도 되니 그때는 엄마가 같이 놀아주겠다고 해도 좋았을 텐데 말입니다.

하루는 퇴근해서 들어오니 정인이가 아이클레이를 사러 가자고 했습니다. 저는 너무 피곤하고 집에 들어오면 밖에 나가기 싫었습니다.

"정인아, 우리 내일 사러 가자."

"싫어. 엄마랑 아이클레이 사러 가려고 지금까지 기다렸단 말이야."

"정인아, 엄마가 내일 꼭 사올게."

"난 지금 아이클레이 사고 싶단 말이야."

"그럼 엄마랑 내일 꼭 사러 가자."

정인이에게 이렇게 말하고 방으로 들어갔더니 계속 저를 따라다니면서 지금 사러 가자고 떼를 썼습니다. 저는 할 수 없이 옷도 갈아입지 않고 정인이와 함께 마트에 갔습니다. 그런데 마트에 갔더니 갑자기 스티커 인형도 사겠다고 하네요. 다른 날 같으면 천천히 정인이에게 설명했을 텐데 이날은 정말 화가 났습니다. 엄마를 시험하는 이 꼬마를 어떻게 해야 할지 몰랐습니다. 결국 저는 '이번 한 번만이야'라고 협박을 하며 사주었습니다. 그 후 정인이의 떼쓰기는 점점 더 심해졌습니다.

아이들이 가장 쉽게 문제를 해결하는 방법이 떼쓰기입니다. 떼쓰는 것은 자신의 요구를 들어달라고 고집부리는 행동입니다. 엄마가 생각하기엔 부당한 요구이지만 아이는 부당하다고 생각하지 않습니다.

아이가 떼를 쓰는 이유는 무엇일까요? 아이는 자기가 하고 싶은 것을 하기 위해서는 엄마에게 허락을 맡아야 합니다. 엄마의 동의나 허락 없이 내가 사고 싶은 것을 내 맘대로 살 수 없으니 엄마가 허락해 주지 않는다면 떼를 쓸 수밖에 없지요. 또 아이는 원하는 것을 스스로 할 힘이 부족하기 때문입니다. 높은 곳에 있는 물건을 가지고 놀고 싶은데 나는 혼자서 저 물건을 꺼낼 수가 없잖아요. 그럼 엄마에게 내려달라고 하고 엄마는 안 된다고 하고 결국 아이는 울거나 소리를 지릅니다. 아이는 하고 싶은 것을 스스로 할 수 없어 엄마에게 떼쓰기도 합니다. 걸어가기 싫을 때 아이는 운전을 할 수 없으니 엄마에게 차 타고 가고 싶다고 떼쓰는 것입니다.

아이는 인내심이 적습니다. 있다고 해도 매번 인내심을 발휘하는 것은 아니니 원하는 것이 있을 때 참지 못하고 떼를 씁니다. 엄마와 마트에 갈 때는 장난감 구경만 한다고 철석같이 약속해 놓고 막상 장난감을 보면 당장 사달라고 떼쓰는 것도 인내심의 문제입니다.

아이가 떼쓰는 경우 원인을 알고 대응해 보세요.

첫째, 자립심이 자라는 떼쓰기입니다.

어린이집에 갈 시간이 다 되었는데 엄마의 도움 없이 혼자 옷을 입겠다고 할 때가 있죠. 아이가 무언가를 스스로 하려고 나선다면 떼쓴다고 혼낼 것이 아니라 지켜봐야 합니다. 굉장한 인내심이 필요하지만 엄마가 지켜봐주면 아이는 스스로 발전하고 자립합니다.

둘째, 자기의 요구를 들어달라고 떼쓰는 경우입니다.

가장 흔한 경우인데 원하는 것을 사달라고 하거나, 게임을 더 하겠다고 버티거나, 치과에 가지 않겠다고 칭얼거리는 경우입니다. 이때 엄마는 맞대응하지 말고 힘을 빼고 무시해야 합니다. 아이들도 자기가 원하는 대로만 되지 않는다는 것을 알아야 하기 때문이죠. 아이의 속상함을 위로해 주고 공감해 줄 수는 있지만 야단치거나 요구 조건을 들어주어서는 안 됩니다. 이 경우에 가장 많이 사용하는 방법은 '무시하기'입니다.

셋째, 도대체 무엇을 원하는지 알 수 없는 떼입니다.

아이가 이유도 없이 투정을 넘어 떼를 씁니다. 이것저것 자꾸 요구하면서 엄마를 괴롭히는 것처럼 보이는데 이 경우는 정서적으로 안정되지 않아 떼쓰는 것입니다. 저도 어린 시절 이런 적이 있었습니다. 엄마가 나를 사랑하지 않는다고 생각해서죠. 누구나 이유 없이 엄마에게 짜증을 낼 때가 있잖아요. 그러니 너무 심각하게 대응하지 말고 아이를 더 많이 사랑해 주세요. 엄마에게 사랑받고 싶어서 하는 행동입니다. 엄마는 떼쓰는 아이를 사랑하기 힘든 것이 아니라 떼쓰는 상황을 받아들이기 힘듭니다. 아이들은 모두 떼를 쓰며 자랍니다. 이런 상황에서 엄마의 알아차림과 꾸준한 노력만이 아이와 엄마에게 평화를 가져다줄 것입니다.

6. 몸으로 엄마의 사랑을 전하세요

"엄마는 언제나 너를 사랑해." '8초 포옹' 엄마의 사랑을 전하고 싶을 때

"네가 아끼는 장난감으로 함께 놀고 싶은 친구를 선택해 줄래?"

"네 생일파티에 초대하고 싶은 친구를 선택해 줄래?"

"소꿉놀이를 함께하고 싶은 친구를 선택해 줄래?"

아이들에게 함께하고 싶은 친구를 선택하라고 하면 어떤 친구를 선택할까요? 30명의 친구 중 생일에 초대하고 싶은 친구를 3명 적으라고 했습니다. 그런데 초대장을 10명 이상에게 받은 아이들도 있고, 단 1명에게도 초대도 받지 못한 아이도 있습니다. 초대장을 10명 이상 받은 아이들은 모두 엄마와의 애착 관계가 잘 형성된 '안정 애착'의 아이였습니다. 그런데 단 1명에게도 초대받지 못한 아이들은 엄마와 애착 관계가 형성되지 않은 '불안정 애착'이었습니다EBS 특별기획 〈아기성장보고서 제3편: 애착, 행복한 아이를 만드는 조건〉에서 실험한 내용.

'안정 애착'의 아이들은 양육자인 엄마가 '나를 사랑하고 보호해 준다' '나는 사랑받는 존재다'라는 긍정적인 자아상을 가집니다. 엄마가 보여준 사랑으로 스스로를 소중한 존재라고 느끼며 세상을 살아갑니다. 아이는 생애 초기에 신체적, 심리적으로 엄마와 접촉하고, 이때 아이에 대한 엄마의 민감한 반응으로 안정적인 애착이 형성됩니다. '안정 애착'이 된 아이들은 친구 관계가 좋고 사회성이 뛰어나며 학교생활에서 창의성과 리더십을 발휘해 사회에 나가서도 지도자가 될 확률이 높습니다. 이는 부모와의 애착 관계가 잘 형성되어 있기 때문입니다. 아이들은 생애 초기 단계에서 이루어진 엄마와의 두터운 신뢰를 기반으로 다른 사람과도 편안한 관계를 맺게 됩니다. 가장 좋은 것만 주고 싶은 엄마의 마음을 뒤로하고 애착은 아이들을 늘 쫓아다니는 그림자 같습니다.

애착은 선천적인 것이 아니라 후천적인 것입니다. 〈아기성장보고서〉에서 친엄마와 '불안정 애착'이었던 승혜가 3세 때 새엄마를 만나면서 새엄마의 사랑으로 '안정 애착'이 되는 사례를 보았습니다. 승혜가 '안정 애착'으로 바뀐 것은 새엄마가 어릴 때부터 엄마에게 사랑과 보살핌을 충분히 받은 '안정 애착'이었기 때문입니다. 새엄마는 자신이 성장하면서 받았던 보살핌과 사랑을 승혜에게 주었고 3세 승혜는 새엄마와의 관계에서 '엄마는 나를 사랑하고 보호해 주고 나를 소중하게 생각하는 존재'라는 믿음을 형성할 수 있었던 것입니다. 이 실험처럼 '안정 애착'이 되지 못하고 성장한 엄마는 자기도 모르게 아이를 '불안정 애착'으로 만들기도 합니다. 엄마가 자라면서 엄마에게 사랑과 보호를 받았다면 내 아이에게도 사랑과 보호를 줄 수 있고 '불안정 애착'으로 사랑과 보호에 결핍되었다면 어느새 내 아이에게 '불안정 애착'이 대물림될지도 모릅니다.

아이들은 자신이 스스로 원하는 것을 할 수 없고 엄마의 보살핌을 받아야 해요. 그래서 아이들의 신호에 엄마가 적극적으로 반응해야 합니다. 아이가 무언가 불편해 울 때 엄마가 달려가 아이의 불편함을 해결해 주고, 아이를 바라보며 사랑한다는 신호를 끝없이 보여줘야 합니다. 또 안아주거나 같이 목욕을 하고 업어주는 신체 접촉을 통해 안정 애착이 형성됩니다. 아이는 엄마가 필요할 때 신호를 보냅니다. 이 신호는 엄마에게 사랑과 보호를 받으려는 것입니다. 아이는 신호에 반응해 주는 사람에게 안정감과 사랑을 느껴 긍정적인 정서가 형성되고 낯선 세상이 안전하다고 느낍니다. 엄마에게 느꼈던 편안하고 좋은 감정처럼 세상도 그럴 것이라고 생각합니다. 아이는 편안한 감정과 생각을 가지고 다른 사람과도 쉽게 친해지며 사람들에게 더 친절하고 따뜻한 감정으로 다가가 좋은 관계를 유지한답니다.

안정 애착은 엄마로부터 시작돼요. 아이의 반응에 '엄마는 너를 보고 있어' '엄마는 너에게 가장 관심이 많아' '엄마는 너를 사랑해' '엄마가 도와줄까'라는 변함없는 관심을 보여줄 때 생깁니다.

한 사람의 인생을 결정하는 안정 애착을 위해 아이에게 매일 '8초 포옹'을 해보세요. '8초 포옹'은 8초 동안 아이를 온 가슴으로 꼭 안아주는 것입니다. 너무 짧게 안으면 엄마의 사랑이 전달되지 않고, 너무 오래 안으면 응석받이가 됩니다. 매일 8초 동안 아이를 안아주며 사랑하는 마음을 전해보세요. 오늘부터 현관에 나가 어린이집 가는 아이를 8초 동안 꼭 안아주세요. 갑작스러운 엄마의 행동에 아이가 놀라 엉덩이를 쑥 뺄지도 모릅니다.

"엄마, 갑자기 왜 그래?"

"엄마가 매일 승현이를 사랑하는 마음을 담아 이렇게 안아주려고 하지!"

"엄마, 이상해. 하지 마."

아이가 엄마를 이상한 눈빛으로 보더라도 굴하지 말고 매일 8초 동안 아이를 안고 엄마의 사랑을 전하세요.

"엄마는 언제나 우리 승현이를 사랑해, 오늘도 어린이집에서 즐거운 시간 보내."

설령 아무 대답이 없더라도 싫다고 뿌리치지 않는다면 그건 대

성공입니다. 아이들도 엄마의 갑작스러운 변화에 어색해서 무덤덤한 척 대하거든요. 그런데 엄마가 했다, 안 했다 변덕스럽게 행동하면 아이는 엄마를 신뢰하지 못합니다. 아이는 엄마와 함께 있어도 반응이 없고, 엄마가 자신의 곁을 떠나도 당황하거나 슬퍼하지 않는 회피 애착으로 엄마의 새로운 행동을 무시해 버립니다.

"엄마, 그 이상한 거 이제 하지 마."

"엄마가 너 사랑하니까 하는 건데 엄마한테 못난이 말 할 거야?"

"나 못난이 아닌데, 그러니까 그런 이상한 거 하지 마."

"……."

엄마는 아이의 핀잔에 서운해 소리를 지를지 모릅니다. 서운한 마음에 야단쳤다가 그나마 남은 관계도 안 좋아질 수 있으니 인내심을 가지고 꾸준하게 한결같은 사랑을 표현해 보세요. 남자아이들은 신체접촉과 감정전달에 취약하니 어릴 때부터 자주 안아주고 스킨십도 자연스럽게 자주 해주세요.

"우리 아들 사랑해."

"나도 사랑해."

아이가 이 정도, 혹은 그 이상의 긍정 반응을 보이면 엄마와 매우 좋은 관계입니다. 제가 아이에게 가장 고마운 것은 사춘기가 되어도 스스럼없이 자신의 이야기를 해준다는 것입니다. 이런 관계를 원하신다면 어릴 때부터 '안정 애착'을 형성해 주시고 매일 '8초 포옹'으로 자연스러운 스킨십을 해보세요. 아이가 어리면 어릴수록 효과가 크고 아이가 조금 커도 엄마의 의지만 있다면 '8초 포옹'은 절대 늦지 않습니다. 제 말에 좌절할 수도 있지만 사춘기가 된 아이에게는 엄마가 죽을 만큼 노력하면 현상유지입니다.

엄마의 삶을 그대로 흡수하는 '애착'과 '8초 포옹' '몸의 상호작용'을 실천해 보세요.

첫째, 표정으로 상호작용을 해주세요.

저는 아이가 어깨를 으쓱하며 한숨을 쉬면 속상한 일이 있다는 것을 알아차립니다. 그럴 땐 속상한 아이 옆에 다가가 눈을 맞추고 말을 건넵니다. "정인이가 속상한 일이 있는 것 같은데?" 엄마의 몸짓과 표정으로 네가 속상하니까 엄마도 속상하다는 뜻을 전달합니다. 이는 말로 하는 것보다 더 큰 정서적 교류가 되어 아이에게 전달됩니다. 너무 속상해 울고 싶을 때 그 어떤 말보다 아무 말 없이 안아주는 것이 더 큰 위로가 됩니다. 어릴 적 저는 속상한 일에 어떻게 말해야 할지 몰라 우물쭈물하다가 엄마에게 혼났습니다. 답답한 엄마는 "왜 말을 안 해? 더듬지 말고 정확히 말을 해봐"라고 저를 다그쳤고, 저는 제 표현의 한계를 느끼고 저를 이해해 주지 않는 엄마가 야속하기만 했습니다. 그러니 아이의 표정과 감정을 잘 살피고 상호작용해 주세요.

둘째, 아이의 말에 몸으로 상호작용을 해주세요.

아이들은 엄마가 자기 말에 긍정적으로 반응하면 엄마를 더 가깝게 느끼고 내 마음을 이해받는다고 생각합니다. 대표적인 것이 아이가 어려운 것을 해냈을 때 '얍' 하면서 두 손을 번쩍 들어 파이팅을 하는 거예요. 친구를 만나면 반갑다고 두 손을 잡고 막 흔들거나 팔짱을 끼는 것 모두 몸의 대화랍니다. 얼핏 보면 호들갑 떠는 것 같지만 아이의 감정을 풍부하게 만드는 몸의 대화입니다. 엄마는 아이의 작은 일에도 안아주고 손뼉 쳐주며 몸으로 응원해 주세요.

셋째, 아이의 화난 감정을 억지로 없애려 하지 마세요.

아이가 화가 나서 발을 구르거나 주먹을 쥐고 입술을 이리저리 삐죽거리고 때로는 몸을 부르르 떨며 화가 났을 때 그 감정을 나쁘다고 말하기보다 아이의 화난 표현을 알아차리고 기다려 줍니다. "정인이가 몹시 화난 일 있는 것 같은데, 얼마나 화가 났으면 입술을 삐죽거릴까?" "엄마는 어떤 속상한 일이 있는지 듣고 싶은데?" "지금 하고 싶지 않으면 나중에 이야기해 줘도 돼"라고 아이를 안아주세요. 아이가 자신의 화난 마음을 천천히 표현하도록 기다려주세요.

엄마의 마음을 전하는 스킨십과 '8초 포옹'은 아이의 안정 애착을 위해 꼭 필요한 사랑 표현입니다. 사랑한다면 지금 8초 동안 아이를 꼭 안아주며 엄마의 사랑을 전해 주세요.

"너와 함께 시간을 보내고 싶어." 아픔을 이겨내야 할 때

승현이는 백일이 지나자 아토피가 심해지기 시작했습니다. 아들은 가렵고 건조해서 깊은 잠을 이루지 못했습니다. 잠을 푹 자지 못하니 예민하고 화가 난 얼굴을 하고 있어 누군가가 건드리면 폭발할 기세였습니다. 승현이를 데리고 전국 좋다는 병원은 다 다녔습니다. 주변 사람들은 저에게 위로의 말을 건넸지만 사실 어떤 위로도 도움도 되지 않았습니다. 잘 모르면서 위로하는 것이 더 큰 상처라는 것을 그때 알게 되었습니다.

"아토피가 있는 엄마들이 얼마나 힘든지 이해해요."

이런 위로가 저를 더 힘들게 했어요. '임신했을 때 조금 더 편안한 마음을 가졌다면 괜찮았을 텐데' '내가 일하는 엄마가 아니라면 괜찮았을 텐데'라는 자책만 들었습니다.

승현이는 많은 방법을 써도 좋아지기는커녕 점점 더 심해졌습니다. 아토피로 힘들어하는 아들을 보니 근거 없는 민간요법까지 해보고 싶은 유혹에 넘어갈 뻔하기도 했습니다. 아들이 5세 때 오랜 기다림 끝에 아토피 전문의 진료를 받았습니다. 할아버지 의사 선생님은 아토피는 해답이 없다고 말씀하셨고 각종 알레르기 검사를 하셨습니다. 젓가락만 한 주삿바늘이 아이 몸을 찔러 피를 뺄 때면 뼈만 남은 승현이를 못 움직이게 내 몸으로 아이를 눌렀습니다. 그래야 한 번에 끝나기 때문입니다.

"엄마, 너무 아파."

아들은 발버둥치며 울었고, 저는 더 강한 마음으로 이 순간을 이겨냈습니다. 저는 아들이 너무 안쓰러워 아들과 함께 일주일을 보내기로 결심했습니다. 사실 결심이라고 할 것도 없지만 그 순간 저는 엄마가 해줄 수 있는 것을 찾아보자는 마음이었습니다. 그것이 시간이든, 마음이든, 치료든 무엇이든지 다요. 승현이는 엄마와 함께하는 시간을 정말 좋아했습니다. 아니, 정말 행복해 보였습니다. 급한 업무 처리와 상담으로 직장에 출근해야 할 때 승현이도 데리고 갔습니다. 승현이는 학부모가 오면 얼른 장난감을 옆으로 밀어 저에게 방해되지 않게 구석에 조용히 놀았습니다. 엄마와 함께 있는 것만으로 이렇게 좋아하는 것을 제가 왜 해주지 못했는지 반성하게 되더군요. 일주일의 짧은 시간이었지만 평온한 시간을 보냈습니다. 일주일 후 검사 결과를 들으러 병원을 방문했는데 의사 선생님은 결과지를 들고 놀란 표정을 지었습니다.

"알레르기 음식도 없고 조심할 음식도 없네요. 오늘 보니 일주일 사이 놀랍게 좋아졌는데 무슨 일이죠?"

"특별히 한 것은 없고 아이와 많은 시간을 함께 보냈는데요."

내가 특별한 걸 했나 생각을 거듭해 보아도 별다른 것은 없고 아이와 함께한 시간뿐이었습니다.

할아버지 의사 선생님은 이제 이해가 되었다는 듯이 고개를 끄덕였습니다.

"아이에게 아토피 치료는 엄마와 함께한 시간이었군요. 정서적인 안정이 아이에게 가장 큰 치료약입니다. 바쁘시더라도 아이와 함께 보내는 시간이 가장 큰 치료법이라는 것을 기억하세요. 그러면 완치는 아니더라도 점점 더 좋아질 거예요."

병원에서 집까지 오는 길, 어느 날보다 평온한 아들을 바라보았습니다. 아들에게 가장 필요한 것은 엄마의 사랑과 함께하는 시간이었다는 사실을 알게 된 순간 아이에게 얼마나 미안한지 죄책감이 밀려왔습니다.

아이들은 엄마와 떨어지는 것에 대해 심한 불안을 느낍니다. 이것은 분리 불안으로, 성장과정에서 나타나는 자연스러운 현상입니다. 아이가 떨어지지 않으려고 하면 심하게 꾸짖거나 몰래 빠져나가는 엄마가 있어요. 그것은 오히려 아이의 불안한 감정을 자극시킵니다. 먼저 엄마와 떨어지는 것에 대해 아이가 납득할 수 있도록 설명해 주고 엄마와 다시 만날 때에 대단히 큰 기쁨이 될 수 있도록 아이에게 작은 선물 또는 사랑 표현을 해주세요. 아이들은 왜 엄마와 떨어져야 하는지 이해는 되지만 마음으로는 아직 받아들이지 못합니다. 엄마에게 분리되는 불안을 최소한으로 줄여주세요. 아이는 불안 감정이 줄어들게 되면 혼자 자유스럽게 놀고 자립심도 키워갑니다.

또 아이는 욕구를 말이 아니라 비언어적 메시지인 몸짓과 표정으로 표현합니다. 아이의 욕구를 엄마가 제대로 알아주고 대응해 주지 못하면 아이는 계속 불만족스러운 상태로 정서적 불안이 자리 잡습니다. 엄마가 단순히 곁에 있는 것만으로 충분하지 않고 아이의 비언어적 메시지를 정확하게 반응해 줘야 합니다. 아이 마음속에 있는 것을 알아차리고 아이가 원하는 그때 들어줘야 정서적 안정을 느낄 수 있습니다.

엄마와 떨어지기 힘들어하는 아이를 위해 이렇게 해보세요.

첫째, 아이와 함께하는 시간을 즐기고 아이에게 집중하세요.

설거지를 하는데 아이가 말하면 "말해. 듣고 있어"라는 말 대신 하던 일을 멈추고 아이에게 다가가 듣는 거예요. 집안일보다 아이가 더 우선이 되어야 해요. 또 아이와 함께하는 시간이 엄마에게는 아주 즐거운 시간이라는 것을 보여주세요. 특별히 시간 내서 노는 것보다 일상생활에서 슈퍼도 같이 가고 청소도 같이 하고 빨래도 같이 널고 책도 함께 읽고 많은 시간을 아이와 함께 보내려고 노력하는 거예요. 예전에는 산더미처럼 쌓인 일의 효율성을 생각했다면 이제는 조금 느리고 가끔은 집이 엉망이 되어도 아이와 함께 많은 시간을 보내보세요.

둘째, 지금 이 순간 아이가 원하는 것에 우선순위를 두세요.

집에 가서 할 일도 많은데 아이가 바쁜 엄마 마음도 몰라주고 어린이집 운동장에서 마냥 놀자고 한다면 어떨까요? 저는 "안 돼. 우리 다음에 놀자"라며 번쩍 안아 차에 태웠습니다. 아이가 떼라도 쓸라치면 무서운 표정으로 "너, 엄마가 안 된다고 했지. 혼나볼래?" 하며 아들을 제압했습니다. 그런데 이제는 그렇게 하지 않고 아이의 마음을 받아주는 것입니다.

"오케이! 미끄럼틀 열 번 타고 그네 한 번 타고 가자"라고 아이의 마음은 받아주고 제 시간을 할애했습니다.

셋째, 정말 바쁠 때는 아이의 마음만 받아줍니다.

"승현이가 미끄럼틀 타고 싶구나. 엄마도 승현이가 미끄럼틀 슝 하고 타는 거 보고 싶은데 엄마가 주차를 대충 해놔서 얼른 차를 빼줘야 해." 엄마가 이렇게 말하면 아이는 "응. 엄마, 그럼 오늘은 그냥 가자"라며 떼쓰지 않고 엄마를 이해합니다. 아이의 이런 반응은 엄마에게 관심받고 사랑받고 싶은 마음이니 엄마가 그 마음을 받아주면 됩니다.

저는 압니다. 엄마가 편안해야 아이의 마음을 받아줄 수 있다는 것을요. 엄마가 양육에 지쳐 자책하고 힘들어하면 아이의 마음을 받아줄 수가 없잖아요. 또 엄마라고 다 잘할 수도 없죠. 엄마도 위로받고 싶은 마음이 가득합니다. 그러나 '내가 더 잘해야 했는데'라는 자책으로 가득하다면 아이의 마음을 받아줄 수 없습니다. 아이를 사랑하기에 엄마로서 자책과 미안함이 컸고 아이와 함께하는 시간을 많이 갖고 싶었습니다. 하지만 많은 일을 해야 하는 저는 이 약속을 오래 지키지 못했습니다.

왜 우리 아이만 아프고 안 먹고 예민하고 잠도 푹 못 자는지, 왜 일은 산더미고 집안일까지 감당해야 하는지 원망이 불쑥 불쑥 찾아와 우울증까지 겪었습니다. 저는 돌파구를 찾지 못했고 처음 마음처럼 많은 시간을 함께하지는 못했지만 약속을 지키려고 부단히 노력했습니다. 제가 가장 잘못한 일은 처음으로 엄마가 된 저를 한 번도 위로해 주지 않았다는 것입니다. 엄마가 가장 필요한 시기에 저는 일을 선택했고 아이가 커서 저를 이해하리라 생각했어요. 그때는 엄마로서 성공하는 것이 아이에게도 좋은 일이라고 생각했거든요. 지금 생각해 보니 엄마의 성공은 아이가 건강하게 자라는 것이고, 아이가 엄마를 원할 때 함께 있는 것입니다. 저는 그때 직장을 놓기 불안하고 겁이 났습니다. 물질보다 더 중요한 것이 엄마의 사랑이라는 것을 너무 잘 알았지만 온전히 실천하지 못했습니다. 다시 그때로 돌아갈 수 있다면 아이와 즐거운 시간을 더 많이 보낼 것입니다. 그때의 저를 만난다면 너무 앞서서 걱정하지 말고 아이와 즐거운 시간을 보내라고 말해주고 싶어요. 그리고 부단히 노력하고 있는 저를 응원하며 서툰 그 모습을 안아줄 것입니다. 또한 엄마로서 많이 애쓰고 노력한 저를 자랑스러워할 것입니다.

8. 나-메시지로 전하세요

"네가 그러면 엄마는 너무 걱정돼."
화내지 않고 마음을 전하고 싶을 때

화내지 않고 야단치지 않으며 엄마의 마음을 전달하는 대화법은 나-메시지입니다. 엄마의 말에 상처받지 않게 하려면 너-메시지가 아닌 나-메시지로 표현해 보세요.

엄마는 정리 정돈 안 된 아이 방을 보면 한숨부터 나옵니다.

"야! 이게 뭐야? 쓰레기통도 아니고 방에다 다 펼쳐놓으면 어떻게 해?"

이것은 너-메시지입니다. 이것을 나-메시지로 표현해 봅시다.

"엄마가 정인이 방 정리하기가 힘드네, 정인이가 정리 정돈을 하면 엄마가 힘들게 청소하지 않아도 되겠지?"

나-메시지는 엄마가 느끼고 있는 감정과 생각을 표현해서 아이가 엄마의 마음을 이해하게 하는 것입니다. 나-메시지를 사용하면 아이를 평가하거나 비난하지 않고 문제를 객관적으로 바라보게 됩니다. 엄마의 손가락 방향이 '너'에서 '나'로 바뀝니다. '너'를 주어로 사용하지 않고 '엄마'가 주어가 되는 것입니다.

"네가 도대체 뭐라고 하는지 모르겠어" 대신 "엄마는 잘 이해가 안 되네. 다시 설명해 줄래?"라고 하는 것이죠. 이 말은 네가 잘못 설명한 게 아니라 엄마가 이해가 안 되는 것이니 다시 설명해 달라고 요청하는 것입니다.

어떤 엄마는 "나-메시지를 사용해도 그때만 알겠다고 하고 다음에는 고쳐지지 않아요"라고 하소연합니다. 말 한마디에 아이가 확 달라지면 얼마나 좋을까요? 그런 마법은 없습니다. 엄마가 나-메시지를 사용했다고 문제가 바로 해결되진 않습니다. 엄마의 마음을 알았다고 해서 아이가 행동을 수정하지 않지만 최소한 아이의 행동에 대해 너 때문이라는 비난은 하지 않게 될 것입니다.

층간소음으로 예민한 공동주택에서 아이가 뛰기라도 하면 긴장이 됩니다. 아이가 뛰지 않기를 바라는 것은 아랫집 할머니에게 피해가 갈까 신경 쓰이기 때문입니다. 거실에서 쿵쿵 뛰어다니는 아이에게 엄마는 좋게 말하기가 힘듭니다.

"아랫집 할머니가 층간소음으로 쓰러지면 네가 책임질래? 이러다 우리 쫓겨나겠다. 그러니까 제발 뛰지 말고 걸어 다녀. 응?

뛰지 말라고."

이러한 너-메시지에서 주체를 엄마로 바꿔 나-메시지로 바꾸어 봅니다.

"엄마는 층간소음으로 아랫집 할머니께 피해 주는 게 죄송스러워."

"쿵쾅거리는 소리 때문에 할머니가 힘들어하시는 것 같아 엄마는 걱정돼."

동화책을 읽기로 해놓고 게임에 빠져 있는 아이를 보면 화가 납니다. 또 유치원 버스가 올 시간이 되어 가는데 게임에 몰두하는 아이를 가만둘 수는 없습니다.

"유치원 갈 시간 다 되었는데 계속 게임이나 하고 잘한다, 잘해. 그러다 또 늦어라."

"너 아침에는 게임 안 한다고 약속해놓고 지금 뭐 하는 거야? 당장 꺼."

"엄마는 맨날 나한테만 뭐라 그래."

엄마는 아이의 행동을 말했을 뿐인데 아이는 반성 대신 말대꾸만 합니다.

이때 역시 나-메시지로 아이의 행동에 대해 엄마의 감정과 느낌을 표현합니다.

"유치원 갈 시간인데 네가 게임하다가 유치원 늦을까 봐 엄마는 걱정이 돼."

"엄마는 네가 아침에 게임을 하지 않기로 한 약속을 지켰으면 좋겠어."

"엄마는 정인이가 입은 치마를 보니 오늘 체육시간에 불편할까 봐 걱정돼."

'나', 즉 '엄마'를 주어로 사용하여 질책과 꾸중 대신 엄마의 마음을 전달한다면 아이는 '나를 생각해서 하는 말'에 고마운 마음이 들 것입니다. 이때 아이의 행동을 비판하거나 평가하지 말고 보이는 그대로 표현해야 합니다. 아무리 좋은 이야기라도 받아들이는 아이가 기분 나쁘다면 효과가 없습니다. 말은 나-메시지인데 그 속에 엄마의 욕심만 가득하다면 나-메시지로 전달해도 아이의 행동이 변화되지 않습니다. 엄마는 말만 나-메시지가 아니라 말과 마음이 아이를 이해하는 나-메시지를 전달해야 합니다.

아이들이 자신의 감정을 잘 표현하지는 못해도 엄마의 감정은 민감하게 느낄 수 있습니다. 아이들은 엄마가 나-메시지를 이용해서 부정적인 감정을 전달하는지 아니면 진짜 자신을 위해 좋은 습관을 가지라고 말하는 것인지 압니다. 엄마는 나-메시지를 통해 아이를 가르치고 싶은 마음이 앞서지만 이보다 더 중요한 사실을 잊어버립니다. 아이를 얼마나 사랑하는지, 아이에게 안 좋은 일이 생기면 어쩌나 하고 걱정하는 마음을 표현하지 못하는 것이지요. 만일 아이가 거짓말을 했다면 야단치기보다 거짓말을 한 것에 대한 실망감을 먼저 이야기하세요. 그 다음에 아이의 잘못에 대해 이야기한다면 아이도 엄마가 걱정하는 마음을 고스란히 느낄 수 있을 것입니다.

아이는 엄마가 사용하는 나-메시지가 엄마가 나를 걱정하고 사랑하는 감정의 메시지인지 그저 엄마의 감정을 표출하기 위한 나-메시지인지 알고 있습니다. 그래서 똑같은 나-메시지를 사용해도 아이들은 행동은 다르게 나타납니다. 아이가 잘못된 행동을 해서 엄마가 화를 낸다면 아이는 엄마의 말을 제대로 알아듣지 못합니다. 엄마가 화가 나면 아무리 나-메시지를 써도 너-메시지로 들리거든요. 아이는 자기가 엄마를 화나게 해서 엄마에게 야단맞는다고 느낍니다. 그러면 기가 죽고, 잘못했다는 생각이 들고, 죄책감마저 들 것입니다.

나-메시지를 사용할 때 1차 감정을 표현해야 아이가 이해할 수 있습니다. 1차 감정은 외부의 정보에 의해 제일 먼저 몸이 반응하는 인간의 가장 기본적인 감정입니다. 아이가 몇 번이나 약속을 해놓고 지키지 않았기 때문에 엄마의 1차 감정은 당연히 실망이겠죠. 그럼 2차 감정은 분노로 이어진답니다. 2차 감정은 나를 지키고 보호하기 위해 만들어내는 가공된 감정이기 때문이죠. 이런 상황이 발생하였을 때 엄마는 좀 더 솔직하게 1차 감정에 집중해야 합니다. 그러면 아이도 엄마의 마음을 좀 더 쉽게 이해하고 당황하지 않을 것입니다. 아직은 엄마의 마음과 상황을 이해하는 것이 서툴지만 아이 스스로 자신의 행동을 긍정적으로 고쳐나갈 것입니다.

어느 날 저는 시어머니와 통화를 하고 있었습니다. 그런데 정인이가 자꾸 시끄럽게 떠들더군요. 저도 모르게 날카로운 목소리로 짜증을 냈습니다.

"정인아, 시끄러우니 좀 조용히 해."

이때 제가 "정인이가 큰 소리로 이야기하면 엄마는 할머니 말씀이 안 들려"라고 이야기했더라면 어땠을까요?

엄마가 나-메시지로 표현하면 아이도 엄마가 중요한 통화를 하는데 조용히 해야겠다는 마음이 들 것입니다. 그런데 어느 날은 나-메시지로 아이에게 말해도 듣는 둥 마는 둥 계속 떠들 때도 있어요. 그때는 엄마의 화나고 짜증 난 감정을 솔직히 말하면 됩니다.

"정인아, 엄마가 중요한 통화 중인데 블록 소리가 너무 커서 할머니 말씀이 안 들려. 그래서 엄마는 화가 나려고 해."

솔직한 엄마의 심정을 말하면 아이는 엄마가 한 번 더 참고 자신에게 양해를 구하고 있음을 알아차립니다. 그리고 내 행동이 엄마에게 안 좋은 영향을 미친다는 것을 알고 얼른 자신의 행동을 고치게 된답니다.

엄마의 마음을 전하는 나-메시지로 표현해 보세요.

첫째, '네가 ~하면'으로 아이의 행동을 이야기합니다.

"네가 거실에서 뛰어다니면"

"네가 TV 앞에 지나가면"

"네가 두 시간째 게임을 하고 있으면"이라고 아이의 행동을 짚어주는 것입니다.

둘째, '엄마는 ~를 느낀다'라고 엄마의 감정을 이야기합니다.

"엄마는 걱정이 되네."

"엄마는 매우 속상하단다."

"엄마는 네가 약속을 지키지 않는 것 같네."

셋째, '왜냐하면 ~이기 때문이다'라고 그 이유를 말합니다.

"왜냐하면 아랫집 할머니가 힘들어하시기 때문에"

"왜냐하면 유치원 버스를 놓치기 때문에"라고 이유를 설명해 주는 것입니다.

똑같은 상황에서 비난하는 말을 하면 싸움이 되고 설명하는 말을 하면 이해하게 됩니다. 아이들은 '너 때문이야' '너는 왜 그래' '너 또 그럴래?' 이런 너-메시지를 들으면 좋은 마음을 가질 수가 없습니다. 엄마가 나-메시지로 마음을 잘 표현한다면 아이도 엄마의 마음을 이해하고 긍정의 행동으로 응답할 것입니다.

2장

주도성 대 죄의식(5~8세)

죄의식이 생기지 않도록 해주세요

에릭슨의 심리사회적 발달단계

2단계	3단계	4단계	5단계
자율성 대 수치심 (3~5세)	주도성 대 죄의식 (5~8세)	근면성 대 열등감 (8~12세)	자아정체성 대 혼돈 (12~19세)

에릭슨의 심리사회적 발달이론 제3단계는 주도성 대 죄의식 시기예요. 유아는 언어능력과 운동기능이 성숙하면서 물리적, 사회적 환경을 탐색합니다. 이 시기에는 놀이와 탐색행동을 통해 주도성이 발달합니다.

'나는 내가 원하는 것을 해볼 수 있다'는 자율성의 단계가 지나면 내가 원하는 것이 있을 때 다른 사람의 욕구까지 함께 생각해야 한다는 사실을 배우게 됩니다. 이때 내가 원하는 것을 다른 사람과 함께하는 '주도성'이 생깁니다. 이 시기에 엄마가 아이들에게 가장 많이 하는 말이 '친구와 사이좋게 놀아' '친구와 안 싸우고 재미있게 놀았어?'인데요. 이렇게 말하는 이유는 아이에게 사회성이 중요하기 때문입니다. 그런데 36개월 이전에 자신이 원하는 것을 시도하고 도전할 수 있게 하는 자율성을 형성하지 못하면 아이들은 자신이 원하는 것을 친구와 함께하는 주도성을 갖지 못해요. 주도성을 갖지 못하면 아이는 친구와 사이좋게 노는 것이 어렵습니다. 이런 사회성은 공식처럼 익히거나 배우고 연습한다고 생기는 것이 아니에요. 사회성은 내가 원하는 것을 말하지 못하고 다른 사람이 하자는 대로 맞추는 것도 아니고 내가 원하는 대로 무조건 끌고 나가는 것도 아니랍니다. 이 2가지가 조화를 이루는 것이 사회성인데 내가 원하는 것을 친구와 함께할 수 있는 능력입니다.

엄마들이 '우리 아이는 친구한테 끌려 다니는 것 같아요' '우리 아이는 친구가 시키는 대로 해요'라고 한다면 주도성이 부족한 것입니다. 또 '우리 아이는 매일 자기가 대장을 해야 해요' '자기가 원하는 놀이만 하니 정말 걱정이에요'라고 말한다면 그 역시 주도성이 잘 발달되었다고 할 수 없습니다. 주도성은 내가 원하는 것만 고집하는 것이 아니라 '내가 원하는 것을 친구와 함께하는 능력'이랍니다. 이런 주도성이 형성되면 사회성이 발달합니다.

예를 들어 너무 갖고 싶은 블록을 어제 아빠가 사주셨다면 아이에게 그 블록은 너무 소중한 물건이겠죠. 아이는 조심조심 가지고 놀고 있는데 친구가 놀러 와서 내 블록을 마음대로 쌓고 무너뜨린다면 친구와 사이좋게 블록놀이를 할 수 있을까요? 그런데 늘 가지고 놀던 블록이고 다른 블록도 넉넉하다면 친구가 블록을 쌓고 무너뜨려도 크게 신경 쓰지 않고 친구와 함께 블록놀이를 할 수 있겠죠. 이것은 아이의 욕구가 채워져 있기 때문이에요. 그런데 욕구가 채워지지 않으면 혼자만 가지고 놀거나 친구와 함께 놀 때 방해를 하고 자기 블록을 만지지 말라며 심통 부리겠죠. 이 시기에 아이들은 욕구 충족과 안정감이 전제가 되어야 친구와 타협하고 협력도 할 수 있습니다.

이 시기에 주도성은 아이가 원하는 목적과 방향을 지지해 줄 때 발달해요. 엄마가 지나치게 통제하거나 요구하면 아이는 자신의 행동을 과잉 통제하고 자기억제를 하며 죄책감을 갖게 되거든요. 유치원에서는 또래들과 사회적 놀이를 시작하며 나에게만 관심이 머무르지 않고 주위 사람에게로 점점 확대되어 놀이를 넓혀가죠. 엄마 놀이, 소방관 놀이, 병원 놀이 등 역할 놀이를 통해 되고 싶은 주변 인물을 경험해 보죠. 아이의 다양한 탐색과 주도성을 격려하고 지지해 주어야 해요. 반대로 질책과 통제를 하면 아이는 죄책감을 느끼게 된답니다.

1. 단호하게 말하세요

"네 장난감은 스스로 정리해야 해." 아이가 약속을 지키지 않을 때

아이가 원하는 장난감을 사줄 때 엄마는 약속을 합니다.

"원하는 장난감을 사서 너무 좋겠다. 그런데 재미있게 놀다가 정리할 시간이 되면 정인이가 정리해야 해, 알았지? 약속."

"응, 알았어. 꼭 장난감 정리할게."

아이는 손가락까지 걸며 약속하지만 장난감을 살 때와 달리 약속은 지켜지지 않습니다. 이런 아이를 바라보면 답답하고 화가 납니다. 내가 왜 장난감을 사줘서 매번 아이를 혼내고 잔소리하는지 모르겠습니다. 엄마는 장난감 사준 것이 후회됩니다.

"승현아, 이번이 마지막이야. 너 약속 한 번만 더 안 지키면 앞으로 절대로 장난감 안 사줄 거야."

엄마의 경고에도 불구하고 아이는 장난감을 살 때의 약속은 잊어버리고 엄마가 정리하라고 몇 번을 말해도 듣는 둥 마는 둥 합니다. 아이에게 통사정을 하거나 고함을 질러야 겨우 듣는 척을 합니다. 이마저도 얼마 안 가 흐지부지되고 말죠. 엄마는 소리 지르는 대신 아이에게 설명해야 합니다.

"네가 장난감을 정리하지 않으면 엄마는 장난감을 모두 버릴 거야."

말뿐만 아니라 행동으로 보여줘야 합니다. 그렇지 않으면 아이는 점점 더 약속을 지키지 않을 것입니다. 어릴 때는 장난감에서, 조금 크면 컴퓨터 게임하기로, 더 자라서는 스마트폰 사용에 이르기까지 점점 더 통제되지 않을 것입니다.

아이들이 장난감을 잘 치우지 않는 이유는 장난감을 치울 줄 몰라서도 아니고 또 치우기 어려워서도 아닙니다. 아이는 아직 치우려는 마음과 의지가 부족합니다. 유치원에서는 선생님이 계시니까 안 치울 수가 없죠. 집에서처럼 안 치웠다가는 선생님에게 야단맞는다는 것을 알고 빤히 있거든요. 그런데 엄마가 치우라고 말하면 왜 안 치울까요? 아이들은 집에서는 자기 마음대로 해도 된다고 생각합니다. 집은 유치원처럼 규칙을 지키지 않아도 불이익을 받지 않잖아요. 장난감을 안 치웠다고 엄마가 잔소리를 하긴 해도 죄책감을 느끼지 않습니다. 이는 아이의 잘못이 아니라 편안한 집과 밖에서는 행동은 다를 수밖에 없습니다. 또 장난감을 정리하지 않으면 엄마가 관심을 가져준다는 것을 알고 있습니다. 아이는 이런 관심이 싫지만은 않습니다. 아이들은 나쁜 의미의 관심도 좋아할 때가 있거든요. 7세 이전에는 아이에게 정리할 시간을 알려주고 함께 장난감을 정리하는 것이 좋습니다. 7세부터는 "네가 가지고 논 장난감은 스스로 정리 정돈하는 거야"라고 단호하게 말하며 스스로 정리하는 습관을 가지도록 합니다.

저는 아이에게 장난감을 사줄 때면 꼭 정리 정돈을 하겠다고 약속을 받았습니다. 그리고 약속이 지켜지지 않으면 장난감을 과감하게 버렸습니다. 그때 약속을 지키지 않는 아이에게 정말 화가 났지만 저는 화내지 않고 행동으로 보여주었어요. 엄마들은 약속을 지키지 않는 아이에게 화내고 가끔은 때리고 또 미안해합니다. 그러니 아이가 엄마 머리 꼭대기에 올라가 앉아 있습니다. 결국 엄마는 비싼 장난감을 사주고도 아이에게 화를 내는 못난 엄마로 기억됩니다.

샤부샤부 냄비에서 탈출하는 가재를 보았습니다. 가재는 탈출하기 위해 자신의 익은 다리를 스스로 잘라버렸습니다. '버릴 수 있는 단호함'을 실천하는 가재가 얼마나 위대한지 알게 되었습니다. 몰두하는 척하며 못 듣는 척하며 정리하지 않는 아이, 장난감을 치우는 척만 하는 아이, 사태를 파악하며 지금 치울까 말까 머리를 굴리는 아이에게 가재 같은 단호함을 보여줘야 합니다.

"너 지금 뭐 하는 거니? 엄마가 장난감 치우라고 몇 번이나 말했니, 어?"

"엄마가 언제 치우라고 했어요? 난 못 들었는데……."

"왜요? 나 지금 치우는 중인데요!"

엄마가 치우라고 하면 아이들이 흔히 변명을 합니다. 엄마는 마트에 갈 때도 몇 번이고 다짐을 받습니다.

"오늘은 마트 가서 필요한 것만 사고 장난감은 구경만 할 거야. 그렇게 할 수 있으면 같이 가고 아니면 엄마 혼자 가야 해."

아이는 알겠다고 다짐하고 마트에 도착하면 장난감을 들고 버티기 작전에 돌입합니다.

"승현이가 약속을 지켰으면 좋겠어. 엄마는 시장 본 것만 계산할 거야."

아이가 떼쓰고 울면 소리를 질러도 엄마는 뒤돌아보지 말아야 해요. 사람들의 시선에 뒤통수가 따갑겠죠. 창피해도 뒤돌아보지 말고 엄마 것만 계산하고 계산대 밖에서 아이를 기다립니다. 이런 단호한 모습에 아이는 더 이상 떼쓰지 않을 것입니다.

집에서 게임할 때도 정해진 시간만 지나면 이제 그만 하라고 해야 해요. 그런데 게임을 한 시간만 하기로 해놓고 일 한다고 세 시간이 지나도록 잊고 있다가 뒤늦게 "너 지금 몇 시간째야? 너 휴대폰 압수야"라며 불을 뿜지는 않는지요?

아이들은 조절 능력이 부족합니다. 그래서 엄마가 시간을 알려주어야 합니다. 엄마도 좋아하는 사람과 이야기하거나 재미있는 드라마 볼 때 시간이 훌쩍 지나가는 것을 경험하잖아요. 조절 능력이 부족한 아이는 타이머를 사용하면 좋습니다. 게임할 때 타이머로 시간을 맞춰놓는 습관을 가지게 합니다. 처음에는 엄마가 도와준다면 자연스럽게 습관이 되어 나중에는 아이 스스로 시간을 조절할 수 있습니다.

약속을 지키는 습관을 위해서 일관된 모습을 보여주세요.

첫째, 엄마의 말을 일관된 행동으로 보여주세요.

아무리 비싼 장난감이라 하더라도 아이가 약속을 지키지 않고 무절제하게 자기가 하고 싶은 놀이만 한다면 엄마는 '약속을 지키지 않으면 장난감을 버릴 수밖에 없어'라는 단호함을 행동을 보여줘야 해요. 엄마의 일관된 행동은 아이의 좋은 습관 형성에 도움이 됩니다.

둘째, 아이가 놀이를 시작하기 전 설명해 주세요.

"게임은 한 시간 동안 할 수 있어. 3시가 되면 학원에 가야 되거든. 엄마가 10분 전에 이야기해 줄게." 정리하기 싫어하는 아이를 위해서는 "승현아 장난감 정리할 시간 10분 남았네"라고 미리 이야기하세요. "한 시간 동안 즐겁게 놀고 타이머 울리면 오늘은 그만 놀자." 놀기 전에 말해주면 아이도 더 하고 싶은 아쉬

움은 있지만 불평 없이 정리 정돈합니다. 아이들은 어른처럼 시간개념이 형성되지 않아 정리 시간을 미리 말해주는 것이 좋습니다.

셋째, 아이에게 약속을 지킨 것에 대한 성취감을 느끼게 해주세요. "승현이가 장난감을 치우니 집이 깨끗해졌네." 한두 번은 엄마가 함께 치워주고 장난감을 치우니 집이 깨끗해졌다는 긍정의 결과를 보여 주면 아이도 성취감을 느낄 수 있어요.

유대 속담에 신이 모든 곳에 있을 수 없어 엄마를 만들었다는 말이 있지요. 저는 가끔 이 생각을 하곤 합니다. 아이가 잘 모르는 것을 친절히 알려주라고 아이 곁에 엄마를 보내지 않았을까요? 엄마가 보기에는 아직 어린 아기 같은데 약속을 했으니 지켜야 한다고 단호하게 대하기가 어려울지도 모릅니다. 그러나 이것이 아이가 앞으로 더 좋은 습관을 가지게 되는 비결이랍니다. 엄마가 화내지 않고 단호하게 핵심만 말한다면 아이도 좋은 습관을 형성하게 될 것입니다.

2. 공감해 주세요

“어머나, 그런 일이 있었구나!” 아이가 감정과 의견을 말할 때

어린 시절 저는 무서운 꿈을 꾸고 나서 엄마에게 달려갔습니다.

“엄마, 어제 꿈에 나쁜 괴물이 나를 쫓아와서 잡아먹으려고 하는 거야. 정말 무서워 죽는 줄 알았어.”

“원래 꿈은 다 그래. 그래야 키 크는 거야. 꿈인데 죽긴 왜 죽어.”

엄마는 별것도 아닌데 뭘 그렇게 걱정하냐는 듯이 아무렇지도 않게 저를 쳐다보지도 않고 말했습니다. 제 감정이 한순간 무시당한 느낌이었습니다. 그래서 밤이 무섭고 잠들 때마다 눈을 감을 수가 없었죠. ‘오늘 밤 또 꿈에서 괴물이 나를 쫓아오면 어떡하지? 빨리 꿈에서 깨지 못하면 정말 죽는 거 아니야?’ 이런 불안함 때문에 잠을 잘 수가 없었습니다.

아이의 마음을 이해한다는 것은 '네가 얼마나 두려웠을지 알아, 엄마라도 정말 무서워서 엉엉 울었겠다'라는 마음을 전하는 것입니다. 이것만으로 아이는 엄마가 내 마음을 알아주고 이해해 준다는 생각에 마음이 편안해집니다.

아이의 부정적인 생각이 습관처럼 생기는 이유는 어릴 때부터 걱정과 고민이 많기 때문입니다. 아이는 엄마의 정서적 영향을 받아요. 만일 엄마가 사소한 일에도 걱정이 많고 감정의 변화가 심하다면 부정적인 생각이 큰 아이로 자랄 수 있습니다.

아이의 두려움과 걱정이 쓸데없는 고민이라고 핀잔을 주거나 무시하지 말고 진지하게 대해주세요. 네가 걱정하는 일은 일어나지 않을 거라고 안심시켜 주거나 '무서운 꿈을 꾸어서 많이 놀랐지'라고 공감해 주세요. 엄마에게는 꿈일 뿐이지만 아이는 진짜나 다름없는 큰일처럼 느껴지거든요.

아이들은 보통 어떤 것들을 걱정하고 두려워할까요? 4~8세경의 아이들은 분리, 어둠, 동물, 소음, 커다란 물건, 집안의 변화, 시끄러운 소리, 나쁜 사람, 몸이 다치는 것, 천둥번개, 혼자 있는 것, 상처를 입는 것 등에 두려움을 느낍니다. 초등학생이 되면 학교 성적, 외모, 친구에 관한 두려움이 생깁니다. 그러나 언어 표현이 부족한 아이는 자신의 두려운 감정을 잘 표현하지 못합니다. 그래서 엄마에게 핀잔을 듣고 무시당합니다. 엄마가 아이의 감정을 받아주지 않으면 아이는 성장 과정 속에 더 큰 스트레스가 되어 우울증이나 공황장애를 겪습니다.

어릴 때부터 충분한 공감을 받지 못하고 자란 엄마에게 공감이 얼마나 어려운 일인지 저는 이해할 수 있습니다. 엄마 자신이 아이에게 공감하는 일을 어색해하기도 하지요. 어느 날 엄마가 되었다고 해서 바로 아이에게 공감해 줄 수 있는 것은 아니에요. 그런 엄마 자신을 이해하고 다독여주는 것이 가장 우선이에요.

이런 엄마에게 공감은 힘든 도전이에요. 왜냐하면 아이의 말을 잘 들어야 공감이 가능한데 그것이 생각처럼 쉽지 않거든요. 엄마는 너무 바쁘고 해야 할 일도 많아 정신이 없습니다. 그래서 아이가 말을 하면 정답만을 말해버리죠. 아이 말을 공감하고 맞장구까지 쳐주기란 역부족입니다.

공감은 아이의 의견이나 감정을 받아주는 것입니다. 아이가 감정이라는 공을 던지면 엄마는 공을 받는 것이죠. 엄마가 아이의 감정과 주장, 의견을 이해했다는 것을 표현해야 합니다. 아이의 감정에 공감하려면 아이가 무슨 말을 하는지, 아이의 감정이 어떤지, 아이가 속상해하고 답답해하는 것이 무엇인지 잘 들어야 해요. 그냥 흘려들으면 아이의 마음을 충분히 이해한다는 것을 표현할 수가 없잖아요. 아이가 두려움과 속상함을 표현하면 하던 일을 멈추고 아이를 바라보며 듣습니다.

"엄마가 큰 소리 내고 아빠와 다투면 무섭지?"

"그래, 그래서 네가 얼굴이 화끈거리고 창피했구나."

"그런 일이 있었어? 얼마나 놀랐을까?"

"친구가 너를 오해해서 학교에 가기 싫을 만큼 속상했겠네."

"너의 이야기를 들으니 너무 속상해서 엄마도 눈물이 나네."

아이가 기뻐하는 일에 엄마가 오감을 통해 공감한다면 아이의 기쁨은 두 배가 될 것입니다.

"네가 좋아하는 친구와 짝이 되어 무척 기뻤겠네. 엄마도 그런 적 있는데."

"친구에게 양보하고 기다려주는 너를 보니 엄마가 더 뿌듯해."

엄마가 사기 말을 잘 듣고 반응하면 아이는 위로와 공감을 받게 되고 다른 사람의 이야기를 잘 듣고 공감하는 능력을 발휘합니다. 마음을 알아주는 공감능력은 후천적이어서 공감을 받아본 아이는 친구의 감정에 공감하기도 쉽습니다.

아이가 말할 때 온몸으로 추임새 돋우기를 해보세요. 추임새란 '좋지' '얼씨구'처럼 장단을 짚는 고수가 창 사이사이에 흥을 돋우기 위해 삽입하는 소리입니다. 아이가 말을 할 때 엄마는 밝은 표정으로 추임새를 넣어주는 거예요. 표정으로 '엄마는 너의 이야기가 너무 재미있어' '또 해봐'라는 신호를 보내는 거죠. 엄마가 얼굴을 아이에게 바짝 대고 흥미롭게 들으니 아이는 엄마의 사랑을 온몸으로 느끼겠죠. 아이가 말할 때 이야기에 맞는 다양한 톤으로 반응해 줘야 합니다. 아이가 속상한 이야기를 할 때는 그 속상함에 공감하는 목소리로 반응해야 해요.

"어머나, 그랬구나! 많이 속상하겠구나."

무미건조한 목소리로 '그래, 그랬어?'라고만 한다면 아이는 엄마가 자기 이야기를 건성으로 듣는다고 오해하겠죠. 기쁜 일이 있을 때는 손뼉을 치며 기쁜 목소리로 추임새를 넣어줘야 기쁨이 두 배가 됩니다. 제가 가장 기억에 남는 일은 제가 시험에 합격했을 때 엄마의 반응이었습니다.

"엄마, 나 시험 합격했어!"

"정말? 아이고, 대단하네. 엄마가 이렇게 좋은데 너는 얼마나 좋니?"

그날 엄마의 기쁜 표정과 흥분된 목소리는 아직도 선명하게 남아 있습니다. 저는 그 순간 처음으로 저 자신이 자랑스러웠거든요. 그렇게 자랑스럽게 생각하게 한 것은 바로 엄마의 공감과 추임새 덕분입니다.

아버지는 제가 이야기할 때마다 추임새를 넣으며 반응해 주셨습니다.

"그래! 그랬어? 그랬구나! 그랬다고!"

"좋네, 잘했네, 잘했구나."

추임새로 제 기쁨에 장단을 맞추어 주시는 것이 꼭 노랫소리처럼 들렸어요.

"우리 강아지가 하는 이야기는 뭐든 다 재미있네."

저는 학교에서 있었던 일을 아버지에게 말하려고 마라톤 하듯 집으로 달려왔어요. 아무도 들어주지 않던 제 이야기, 남들 앞에서는 쑥스럽고 부끄러워 말하지 못했던 이야기를 아버지 앞에서 재잘재잘 말하다 보면 마음이 확 풀렸습니다. 저는 새로운 사람 앞에서 말하는 것이 어색하지만 아버지에게 말할 때는 정말 신났습니다. 이런 아버지에게는 어떤 이야기도 숨김없이 다 말할 수 있었거든요. 지금도 아버지를 떠올리면 미소 짓고 호응해 주시는 따뜻한 모습이 떠오릅니다. 이것이 아버지가 저에게 주신 가장 큰 유산이자 사랑입니다.

아이들은 말을 잘하는 능력만큼 잘 듣고 공감하는 능력이 있습니다. 엄마 배 속에서 10달 동안 매일매일 엄마의 이야기를 듣고 세상에 첫발을 내딛는 아이는 태중 7개월 이후 엄마의 감정까지 느낄 수 있답니다. 엄마가 슬프면 아이도 눈물을 흘리고 기쁘면 그 행복감을 함께 느낀답니다. 엄마 배 속에서부터 엄마의 감정에 공감하는 우리 아이에게 엄마는 애청자가 되어야 합니다. 그렇게 한다면 아이는 엄마처럼 다른 사람의 이야기를 공감하는 따뜻한 사람으로 성장할 것입니다.

3. 차근차근 안내해 주세요

"속상한 마음이 뭔지 궁금해."
아이의 문제에 도움을 주고 싶을 때

어린 시절 저는 언니와 자주 다투었습니다. 언니와 싸우면 말로 이길 방법이 없으니 늘 티격태격하다가 언니를 때리고 도망갔습니다. 그러다 엄마에게 걸리면 열 배로 혼났습니다. 제가 잘한 건 아니지만 솔직히 그때 잘못했다는 생각도 안 들었습니다. 언니만 예뻐하는 엄마가 미웠거든요. 엄마가 한 번이라도 왜 그랬냐고 물어봤다면 저도 억울하지만은 않았을 거예요. 언니는 엄마에게 단단히 혼나는 저를 보며 뒤에서 웃었어요.

"너 가만히 있는 언니를 왜 밀었어? 그러다 언니 다치면 어떡하려고? 네가 깡패야?" 그때 엄마가 이렇게 말하는 대신 "언니를 밀었다는데 무슨 이유가 있었니?"라고 말해주었다면 얼마나 좋았을까요?

만약 우리 아이가 그런다면 '엄마는 네가 이유 없이 언니를 밀 애가 아니라는 걸 알아. 무슨 속상한 일이 있었구나? 엄마는 우리 딸 속상한 마음이 뭔지 궁금해'라고 이해를 보여주세요.

"자꾸 언니가 나보고 돼지라고 놀리잖아. 하지 말라고 몇 번이나 말해도 자꾸 놀려서 진짜 짜증 나. 나는 세상에서 돼지라는 말이 제일 싫단 말이야."

아이가 이렇게 말하면 엄마는 고개만 끄덕이면 됩니다. 언니에게 놀림 받아 속상한 아이에게 엄마가 시시비비를 판단할 필요는 없습니다. 아이가 마음이 가라앉은 후 자연스럽게 이야기한다면 반성할 것입니다.

"예쁜 딸, 요새 언니가 안 놀려? 또 놀리면 엄마가 혼내줄게."

"이제 언니가 돼지라고 안 놀려. 그리고 놀리면 내가 언니한테 나 돼지 아니니까 그렇게 말하지 말라고 하면 돼."

아이는 문제에 대한 대처 방안도 생각해 두었네요. 그것도 자기 스스로요.

"엄마는 네가 언니를 밀어서 나쁜 아이로 오해받을까 걱정되고 또 언니가 다칠까 봐 걱정돼."

"응, 엄마 걱정 안 해도 돼! 내가 그때는 잘못했어. 앞으로는 언니 안 밀 거야."

이렇게 엄마의 마음을 이야기하면 아이는 엄마가 나를 많이 걱정했다는 것을 알게 되고 고마운 마음이 듭니다.

아이들은 형제자매에게 경쟁의식을 갖습니다. 이런 경쟁의식은 질투에서 시작됩니다. 엄마가 언니 또는 동생을 더 예뻐한다고 생각해서죠. 질투는 엄마의 편애 때문에 더욱 심하게 나타나는데, 그렇기 때문에 엄마는 편애하지 않도록 조심해야 해요. 엄마는 모든 아이를 똑같이 사랑한다고 하지만 아이가 느끼는 감정은 달라요. 어떤 엄마는 앞에서는 혼내고 야단치다가 뒤에서 몰래 달래는 경우가 있습니다. 하지만 아이들은 엄마가 언니나 동생에게 어떻게 말하고 행동하는지 유심히 지켜봅니다. 안 보는 척하지만 다 듣고 있거든요. 아이는 엄마의 말과 행동을 보고 판단합니다. 엄마가 공평하게 대하면 질투심도 사그라듭니다. 아이들의 질투는 자연스러운 것인데 무조건 야단치면 애정결핍이나 욕구불만으로 나타나요. 그래서 엄마의 역할이 정말 중요하답니다. '엄마는 나만 미워해.' '엄마는 언니만 예뻐해.' '엄마는 나한테만 그래.' 모두 아이들이 할 수 있는 자연스러운 말입니다. 아이들에게 애정의 분배를 공평하게 하는 것을 원칙으로 하되, 당분간 힘의 크기가 작은 아이에게 관심과 사랑을 더 표현해 주세요.

아이의 문제에 대안을 제시하는 것보다 더 좋은 것이 아이의 마음을 이해하고 안내하는 것입니다. 정인이는 자기 물건을 잘 챙기지 못합니다. 그래서 저는 잔소리를 많이 하게 됩니다. 그러다 보니 정인이는 잘하려고 하기보다 저에게 짜증을 냅니다. 오늘도 정인이가 중요한 준비물과 물병을 가방에 넣지 않고 유치원에 갔습니다.

마음 같아서는 왜 준비물을 잘 챙기지 않느냐고 잔소리를 퍼붓고 싶었지만 그렇게 하지 않았어요.

"오늘 가져가야 할 준비물과 물병이 여기 있네."

"아, 맞다! 나 오늘 책 당번이라서 이거 가져가야 했는데."

제가 전해주는 책을 어찌나 기쁘게 받던지요. 그런데 '때는 이때다' 하고 잔소리를 막 쏟아부으면 안 돼요.

"그러니까 말만 그렇게 하지 말고 엄마가 준비물 잘 챙기라고 했지? 너 저번에도 물병 안 챙겨가서 공동 물 마시고 놀이터 나갈 때도 물병 못 가지고 가서 친구 물 같이 마셨다면서. 엄마가 챙겨줬으니 다행이지 또 안 가져갔으면 어떻게 하려고 했는데?"

이렇게 말해봐야 아무 소용도 없고 지난번 일까지 줄줄이 끌어들여 잔소리를 늘어놓는 못난 엄마가 되어버립니다.

하루는 정인이가 준비물을 빠뜨리고 가서 불편했는지 저에게 고민을 털어놓았습니다.

"엄마, 나는 왜 물건을 잘 챙기지 못할까?"

"물건을 잘 챙기는 사람도 있고, 그게 조금 어려운 사람도 있어. 우리 정인이가 물건을 못 챙겨 고민이 되니?"

"응! 물건을 안 가지고 가면 너무 불편해."

"엄마는 미루지 않고 미리 챙기거나 메모해 놓는데."

"아하! 사실 나 미리 챙기는 게 귀찮았거든. 이제 미리 챙겨봐야지."

아이들은 잘못을 해도 엄마에게 이해받기를 원해요. 그런데 이해보다 지적하고 잔소리하게 되면 아무리 좋은 이야기도 귀에 들어오지 않습니다. '아이가 그럴 수도 있지!' 하는 마음으로 공감하고 아이를 이해하는 양방향의 대화를 해보세요. 엄마가 일방적으로 답을 주고 잔소리하면 쉽지만 그렇게 하면 아이는 매번 문제가 있을 때마다 해결책만 원하게 돼요.

아이들은 물건을 챙기는 능력이 부족해요. 또 어떤 일을 조직적으로 하는 것이 어렵습니다. 엄마에게는 너무 쉬운 일이지만 아이들은 물건을 사용하고 제자리에 두는 일도, 집에 오면 손부터 씻고 노는 일도, 내일 준비물을 가방에 넣는 일도 익숙하지 않아요. 또 물건을 챙기는 데 어려움을 겪는 아이도 있습니다. 아이들은 내가 지금 관심이 있는 것, 내 눈에 보이는 것에 더 집중하거든요. 그래서 블록놀이를 하겠다고 했다가 눈앞에 인형이 보이면 인형놀이를 합니다. 또 아이들은 재미난 물건을 보면 거기에 집중하느라 해야 할 일은 잊어버려요. 아이들은 훈련과 연습을 통해서 무엇을 챙기는 능력이 생깁니다. 훈련을 통해서 익숙해지고 가끔은 불이익을 받으며 잘하려는 동기 부여가 되기도 해요. 물건을 안 챙겨서 자기가 느끼게 되는 창피함, 속상함, 불편함이 자극제가 되기도 한답니다. 이때 '오늘은 웬일로 잘 챙겨? 진작 이렇게 잘 좀 하지'라고 비아냥거리거나 훈계하지 말고 격려하고 습관이 되도록 훈련시켜 줘야 합니다.

양방적 대화란 탁구공을 받아치듯 서로 주고받는 대화인데요. 탁구공을 치려면 상대방을 바라보고 움직임을 살펴야 하듯 아이가 엄마의 말을 받아치고 엄마는 아이의 말을 받아치는 것이 바로 양방적 대화랍니다.

아이를 비난하는 엄마도 아이를 사랑하는 마음은 똑같습니다. 그런데 아이의 마음을 이해하지 않고 엄마가 하고 싶은 말만 한다면 아이는 자기 말을 듣지 않고 야단만 치는 엄마에게 마음을 털어놓고 싶지 않을 것입니다.

사랑하는 아이의 고민을 듣고 싶다면 아이의 문제에 대안을 제시하는 것보다 아이의 마음을 이해하고 안내해 주는 엄마가 되세요.

4. 마음을 알아주세요

"그랬구나, 그런 기분이었구나!" 아이가 마음을 표현할 때

정인이가 4세 때 길을 잃어버린 적이 있습니다. 정인이는 통닭가게에 가면 맛있는 통닭을 먹을 수 있다고 생각한 것 같아요. 그때 아주머니가 길에서 헤매고 있는 정인이 손을 잡고 집으로 데리고 오셨습니다. 그 후 저는 유치원 아이들에게 엄마에게 전화할 수 있는 '콜렉트 콜'을 알려 주었습니다. 15년 전만 해도 공중전화가 많았고, 가게에 가면 '콜렉트 콜'로 엄마에게 전화를 걸 수 있었어요.

"엄마, 진짜 신기해. 그럼 돈이 없어도 언제든지 전화할 수 있어?"

"그럼, 승현이가 엄마에게 할 말이 있으면 언제든지 전화할 수 있지."

"응, 내가 중요한 일 있을 때만 엄마한테 전화할게."

아들과 훈훈한 대화를 나누고 저도 한시름 놓았습니다. 일하는 엄마는 걱정이 참 많습니다. 혹시 아이에게 급한 일이 있거나 도움을 요청해야 할 때 엄마에게 연락조차 할 수 없으면 어쩌지 하는 걱정도 그중 하나입니다.

얼마 전 고등학생이 된 승현이는 머리가 아파 보건선생님께 치료받았다고 말하네요. 이제는 엄마에게 따로 말하지 않고 알아서 하는 아이를 보고 '많이 컸네' 하는 기특한 마음과 '이제 엄마 품에서 벗어나는구나' 하는 서운한 마음이 교차했습니다.

승현이는 제가 운영하는 유치원에 다녔는데 유치원이 끝나면 할머니와 버스를 타고 집으로 갔습니다. 집에서 할머니와 놀다가 제가 퇴근하면 그때야 만날 수 있었죠. 승현이는 저와 놀이터 가는 것을 좋아했는데, 집에 오면 몸이 천근만근이라 정말 꼼짝도 하기 싫었습니다. 그날도 정신없이 학부모와 상담하고 있는데 제 휴대폰에 '콜렉트 콜'이 울렸습니다. 무슨 큰일이 있나 싶어 덜컥 겁이 났습니다. 다급히 전화를 받으니 승현이었습니다.

"승현아, 왜? 무슨 일인데?"

"아니, 무슨 일 있는 건 아니고……."

아들은 우물쭈물했습니다. 평소에 '콜렉트 콜'은 중요한 일이 있을 때만 사용하라고 말했기에 아들에게 오는 '콜렉트 콜'이 반가운 것만은 아니었습니다.

전화기 너머로 아들의 작은 목소리가 들렸고 저는 무슨 일인가 초긴장하며 재차 확인했습니다.

"엄마, 엄마 언제 와?"

"응, 엄마 일 다 하고 가야지. 왜? 집에 할머니 없어? 승현이 무슨 일 있어?"

"아니, 엄마 언제 오는지 궁금해서 전화했지."

"엄마 일 다 하고 갈 거야. 그런데 승현아, 진짜 무슨 일 있는 건 아니고?"

"응, 다른 건 없어. 나한테는 엄마가 언제 오는지가 제일 중요하지. 그래서 전화했어."

저는 별일 아닌 것 같아 다행이라는 마음에 얼른 전화를 끊고 다시 상담을 했습니다. 그런데 상담이 끝나고 나니 갑자기 가슴이 먹먹해지는 거예요. 저 작은 녀석이 엄마가 얼마나 그리웠으면 할머니 몰래 집 앞에 공중전화에서 전화를 했을까 싶어서요.

집에서 전화하면 엄마 바쁜데 왜 전화하느냐고 할머니에게 야단맞을까 봐 몰래 집 앞에 나와 전화했던 것입니다. 거기까지 생각하니 내 자식의 마음도 헤아려주지 못하는 저 자신이 한심하더군요. 엄마가 무슨 일이 있어야만 전화할 수 있는 사람도 아닌데 말이죠.

엄마는 아이의 마음을 읽는 데 민감해야 합니다. 엄마가 아이의 생각과 감정을 읽고 알아줄 때 아이는 안정감과 행복을 느낍니다. 아이들은 감정이 격해질 때도 있고 침울하거나 속상할 때도 있어요. 그때 엄마가 마음을 알아주고 지지해 준다면 아이의 감정은 평온을 찾습니다. 엄마는 아이를 바라보며 너의 마음을 잘 알고 있다는 신호를 보내줘야 합니다. 그러나 엄마가 바쁘면 아이의 감정을 받아주기가 어렵습니다. 바쁠수록 아이가 무조건 엄마의 말을 따라주기를 바라는데 아이는 그런 엄마를 이해할 수가 없습니다. 아이는 엄마가 자신을 이해하지 못한다고 생각하고 엄마와의 관계가 점점 멀어집니다. 엄마는 아이에게 엄마의 입장을 충분히 설명해 주고 아이의 생각과 마음도 이해하려고 노력해야 해요.

이 시기의 아이들은 아직 어리기 때문에 자신의 감정을 무조건 이해받기를 원합니다. 따라서 엄마는 아이의 입장에 "그랬구나!" "그런 마음이었구나!" 하는 반응을 보여주는 것이 좋습니다. 느끼는 감정을 비난하지 않고 마음껏 표현하도록 공감해 주어야 아이가 안정감과 행복을 느낄 수 있습니다.

어린 시절 학교에서 돌아오는 길이 신났던 것은 엄마가 집에 있을지도 모른다는 기대 때문이었습니다. 저 멀리서부터 엄마를 부르며 집으로 달려갑니다. 엄마가 계시지 않은 날은 가방도 벗지 않고 평상 위에 벌렁 누워 진돗개 백구에게 심술을 부렸습니다. 그러고는 가기 싫다는 백구를 억지로 끌고 엄마를 찾아 나

섭니다. 엄마가 특별히 뭘 해주지 않아도 엄마가 옆에 있다는 것만으로 좋았던 기억이 납니다. 그때는 엄마가 저의 전부 같았거든요.

지금도 비 오는 날이 좋은 이유는 비가 오면 엄마가 집에 계셨기 때문입니다. 종례가 끝나기도 전에 엉덩이를 들썩이며 집으로 뛰어갈 준비를 합니다. 오늘도 엄마는 어김없이 찐빵을 가마솥에 찌고 계십니다. 엄마는 제가 찐빵을 엄청 좋아한다고 생각하셨던 것 같은데 저는 사실 빵 종류를 그닥 좋아하지 않고 특히 찐빵은 사 먹지도 않습니다. 그냥 엄마가 좋았고 비 오는 날 집에 있는 엄마가 좋았습니다. 저의 어린 시절을 생각하니 승현이에게 가장 중요한 것은 엄마와 함께 있고 싶다는 마음이라는 생각이 들었습니다. 그래서 저는 집에 전화를 걸었지요.

"승현아, 엄마가 우리 승현이 목소리 들으니 너무 좋아. 엄마 언제 오는지 궁금해서 전화했지? 오늘 엄마가 7시까지 승현이가 좋아하는 음료수 사서 집에 갈게. 우리 그때 만나자."

전화기 너머로 아들은 활짝 웃습니다.

"진짜? 내가 좋아하는 음료수가 뭔지 알아? 공룡 그려진 파란색 뚜껑 있는 거야. 엄마, 빨리 와."

"응, 엄마가 공룡 그려진 음료수 사서 슝 하고 날아갈게. 엄마도 일 빨리 끝내고 승현이랑 놀면 정말 좋겠다고 생각했지."

"나도 엄마랑 노는 게 정말 좋아."

아이는 엄마가 자신의 마음을 알아주는 것만으로도 사랑을 느낍니다. 아이의 마음을 받아준다면 엄마가 조금 늦게 오는 것은 큰 문제가 되지 않아요. 아이가 엄마를 가장 소중히 생각하고 기다리는 것처럼 엄마도 아이를 가장 소중히 생각한다고 말해주면 되거든요. 엄마는 아이의 소중한 마음을 알아주고 받아주는 유일한 사람입니다.

5. 적극적으로 반응하세요

"우와! 멋진 집을 만들었네." 엄마의 관심을 받고 싶어 할 때

엄마는 사랑을 주려고 노력하는데 아이는 그 마음을 모른 채 늘 사랑에 고파합니다. 사랑은 참 이상해요. 상대가 아무리 많이 주어도 받는 사람이 부족하다고 느끼면 늘 부족하거든요. 사랑의 출발은 상대를 있는 그대로 이해해 주고 관심을 갖는 것입니다. 아이는 이해받지 못하고 관심받지 못하면 엄마가 자신을 사랑하지 않는다고 생각해요. 엄마가 나에게 관심이 없으면 자신을 미워한다고 자책합니다. 저도 그랬습니다. 어릴 때는 저를 쳐다보지 않고 제 이야기를 듣는 엄마 얼굴을 억지로 돌려서 이야기를 계속했거든요. 엄마가 저를 바라보며 이야기를 들어야 저를 사랑한다고 생각했어요. 분명 엄마도 저를 사랑했을 텐데 그때는 언니만 예뻐하고 저는 귀찮아한다고 생각했어요.

엄마는 아이에게 적극적으로 반응하고 아이가 원할 때 즉각적이고 긍정적인 반응을 보여주어야 해요.

블록으로 집을 만든 아이가 엄마에게 자랑합니다.

"엄마! 나 이거 다 만들었어."

"응, 집이네."

아이가 집인지 몰라서 엄마에게 보여주는 게 아니죠. 아이는 엄마의 관심을 원하고 있습니다. 하던 일을 멈추고 따뜻한 미소와 목소리로 말해주어야 해요.

"우와! 정인이가 블록으로 멋진 집을 만들었네."

"응, 내가 블록으로 우리 집 만들었어. 다음에는 날아가는 기차도 만들 거야."

혹시 엄마의 관심받고 싶어 자랑하는 아이에게 현실적인 설교를 하고 있지는 않나요?

"정인아, 기차가 어떻게 날아다녀? 로켓이나 비행기라면 몰라도 기차는 날 수 없어."

관심받고 싶어 하는 아이의 상상력을 비난할 필요는 없어요.

"우와! 정인이가 하늘을 쌩쌩 날아가는 기차를 만들었네."

"응! 엄마랑 아빠, 할머니와 승현이도 모두모두 날아가는 기차에 태워줄게."

엄마가 적극적으로 반응을 해주면 아이는 더 큰 꿈을 꾸게 되고, 관심받고 싶은 욕구가 충족됩니다. 아이가 메시지를 보내면 엄마는 정확하게 알아듣고 아이의 욕구를 채워줘야 합니다. 아이들은 사랑받고 싶으면 엄마에게 메시지를 보내거든요.

이 욕구가 충족되면 아이는 엄마에게 덜 의존하고 스스로 문제도 해결한답니다. 엄마는 아이가 어릴수록 자주 접촉하고 반응해 주어야 해요. 아이는 성장하면서 자연스럽게 엄마와의 접촉이 줄고 관심을 끌기 위한 행동도 사라집니다. 그러나 자기가 원할 때 충분한 관심과 사랑을 받지 못하면 친구 관계도 원만하게 조율하지 못합니다. 집에서 혼자 놀아도 되는데 늘 엄마에게 놀아달라고 떼를 써서 엄마를 힘들게 하잖아요. 정말 할 일이 태산이라 아이와 많은 시간을 함께 보내지 못하는 경우엔 짧은 시간이라도 집중해서 아이와 함께하세요. 유치원에서 돌아온 후 한 시간만이라도 온전히 아이와 놀아준다던가 아이가 신호를 보낼 때 적극적으로 반응을 보이는 방법입니다.

제가 아이에게 적극적으로 반응하라고 하면 엄마들은 하소연합니다.

"해야 할 일도 많은데 어떻게 부를 때마다 아이에게 달려가죠?"

"엄마도 일이 있는데 어떻게 아이에게 매번 반응하겠어요."

바쁜 엄마들이 할 수 있는 충분히 현실적인 고민입니다. 그러나 아이와 함께하는 것이란 그저 같은 공간에 있는 것이 아니라 엄마의 적극적인 반응이 함께하는 것입니다. 같은 공간에 있지만 적극적으로 반응하지 않으면 아이와 한 공간을 함께 쓸 뿐이죠. 엄마가 중요한 일을 하고 있어 아이의 행동에 적극적으로 반응할 수 없을 때에는 아이에게 양해를 구하면 돼요.

"정인아, 엄마가 일이 있어서 3시까지 마무리할게. 그 후에 같이 놀자."

"엄마가 지금 설거지하는 중이라 이거 다 하고 바로 갈게."

"지금 중요한 통화 중이거든. 통화가 끝나면 정인이 이야기 들어줄게."

아이에게 솔직히 상황을 말하면 아이는 통화가 끝날 때까지 기다린 후 자신이 하고 싶은 말을 할 것입니다. 엄마가 나에게 관심이 없는 것이 아니라 지금은 바쁘다는 것을 이해하기 때문입니다.

아이가 엄마에게 자기가 쌓은 블록 탑을 보여줍니다.

"엄마! 엄마! 이거 봐 잘 쌓았지?"

"응, 멋지네."

적극적인 반응은 구체적으로 말해주는 거예요. 단답형으로 말하면 아이는 엄마가 내 말을 건성으로 반응한다고 오해합니다.

"우와! 블록을 중간에 연결해서 나선형으로 만들었구나! 새로운 방법이네."

"맞아, 바로 그거야. 역시 엄마는 내 마음을 척척 알아줘."

아이는 엄마의 반응에서 사랑을 느낍니다. 아이가 원할 때 적극적인 반응을 하지 않으면 아이는 엄마가 불러도 들은 척도 안 할 것입니다. 큰 소리로 불러야만 엄마를 힐끗 쳐다보겠죠.

어떤 날은 엄마가 큰 마음먹고 다정하게 말해도 아이는 쳐다보지도 않고 말을 합니다. 그럴 때는 정말 속상합니다.

"사랑하는 우리 딸, 이거 엄마가 만든 건데 한번 먹어봐."

"응, 나중에 먹을게."

무심한 아이의 태도에 엄마는 아이가 자신을 무시한다는 생각마저 듭니다. 그런데 이건 엄마가 아이에게 그동안 보여준 행동을 아이가 그대로 따라 하는 것입니다. 아이들은 어릴 때 직감적으로 엄마가 어디에 관심이 더 많은지 알고 있어요. 아이가 원할 때 '엄마는 너에게 가장 관심이 있고 네 이야기를 듣는 것을 좋아해. 네가 최우선이야'라는 신호를 보내 주어야 해요. 지금 이 순간 아이의 말을 적극적으로 듣고 충분히 표현해 주어야 합니다.

6. 비교하지 마세요

"집중하려고 애쓰는 모습이 기특해." 잘하기를 바랄 때

엄마가 아이를 교육할 때 무의식적으로 자주 사용하는 것이 비교입니다. 옆집 아이, 형제자매, 친구 등 아이 주변의 또래와 비교하곤 하지요. 그런데 아이가 잘하고 있을 때는 누군가와 비교하며 칭찬하지 않습니다. 아이를 혼내거나 더 잘하라고 말할 때 비교를 합니다. 이런 비교는 아이에게 절대 도움이 되지 않고 아이의 자신감과 의욕을 저하시킵니다. 엄마가 무의식적으로 아이를 비교하는 이유는 엄마도 비교 속에서 성장했기 때문입니다.

어릴 적 저는 언니와 비교를 많이 당했습니다. 저는 비교당했다고 생각하는데 엄마에게 물어보니 전혀 기억을 못 하시더라고요. 어떻게 그걸 기억하지 못할 수 있는지 정말 속상했습니다.

"엄마가 너를 왜 비교해? 다 너 잘되라고 한 말이겠지."

맞습니다. 엄마는 저의 도전의식을 심어주려고 비교해서 말했을 것입니다. 저는 비교당하면서도 사랑받고 싶었습니다. 내가 뭔가를 잘하면 엄마가 나를 사랑해 줄 거라는 마음이었죠. 하지만 저는 딱히 잘하는 것이 없고 언니와 비교당하면 당할수록 제가 못난 것 같아 저 자신이 미워졌습니다. 저는 엄마에게 인정받고 싶었습니다. 제가 어쩌다 무언가를 잘하면 엄마는 기뻐하며 다른 사람에게 자랑했습니다. 그럴수록 더 잘하고 싶었고, 무언가를 잘해야만 좋은 사람이라고 생각하게 되었습니다.

비교를 당한 아이는 감정에 상처를 입습니다. 아이들은 엄마가 왜 비교하는지 다 알거든요. 야단칠 때도 비교해서 말하면 자존심이 상합니다. 아이들은 비교당하면 더 반항심이 생깁니다. 그래서 진심으로 수긍하기보다 '그래서요?' '어쩌라고?' 하고 반항하거나 건성으로 '어, 알았어'라고 대답합니다. 엄마가 아이의 감정을 자극해서 도전의식을 심어주려고 비교를 사용한다면 아이는 엄마의 의도를 알아차리고 절대 달라지지 않습니다. 이런 비교는 아이의 마음에 반항심을 내포하게 하고 자존감을 떨어뜨립니다. 공부 잘하는 언니를 둔 동생이 늘 비교 속에서 자존감이 낮아지는 이유이기도 합니다. 엄마는 흔히 보다 바람직한 행동을 하는 아이를 비교 대상으로 설정합니다. 아이가 보고 배우게 하기 위해서이죠. 하지만 엄마의 의도와는 달리 아이들은 이로 인해 마음의 상처를 받고 비교 대상인 형제자매와 사이좋게 지내기가 어렵습니다. 그래서 엄마가 없으면 동생을 때리기도 하고 괴롭히죠. '너 때문에 내가 혼나는 거야.' '동생만 없으면 내가 혼나지 않을 텐데.' 아이들 마음속에는 이렇게 형제자매에 대한 미움이 자라납니다. 엄마의 비교로 아이들은 상처를 입고 청개구리처럼 비뚤어진 행동으로 부정적인 관심을 끌기도 합니다.

잘하는 것보다 더 중요한 것이 있습니다. 어떤 것을 대하는 태도와 마음입니다. 아이가 좋아하는 것을 열정적으로 몰입하는 순간을 지켜본 엄마는 알 것입니다. 그 순간 아이의 자존감은 높아지고 성취감이 뿜어져 나오는 뿌듯한 순간입니다. 유치원 때 노래를 잘한다고 가수가 되는 것도 아니고, 성악가가 되는 것도 아닙니다. 그 열정과 몰입의 경험이 새로운 것을 마주했을 때 마중물 같은 역할을 해요. 그런데 비교는 아이의 자존감을 한없이 무너뜨리고 아무것도 못 하는 못난이로 만듭니다. 엄마의 비교에 아이는 딱히 할 말이 있는 건 아닙니다. 다 맞는 말입니다. 저는 뭐든지 잘하는 언니가 부러웠습니다. 저도 언니처럼 잘하고 싶지만 엄마가 비교할 때마다 자꾸 의욕이 떨어지고 언니가 없어졌으면 좋겠다는 나쁜 마음도 들었습니다. 그런데 나중에 알고 보니 언니도 늘 저와 비교해 칭찬받으니 더 잘해야 한다는 부담감에 힘들었다 하네요. 이렇게 비교는 비교당하는 아이와 비교 대상이 되는 아이 모두에게 결코 좋은 교육 방식이 아닙니다. 그런데 엄마는 아이를 위한답시고 계속 비교하는 말을 하지요.

"동생 좀 봐라, 너는 언니가 돼서 왜 그러니?"

"언니 반만 닮아라. 매일 투정이나 부리고 언제까지 어린애처럼 굴래?"

"언니는 학원 안 다녀도 공부 잘하는데 너는 도대체 왜 그러니?"

아이의 자존감만 떨어뜨리는 비교보다 있는 그대로 존중해 주는 말하기를 하는 것이 어떨까요?

"동생 공부하는 것 좀 봐라, 너는 30분도 집중 못 하니?" 대신 "집중하는 것이 힘들지? 그래도 집중하려고 애쓰는 모습이 기특하네"라는 말을 해주세요.

아이의 잘못한 행동을 비교해서 말하지 말고 바람직한 행동으로 제안하는 것이 더 효과적이에요. 아이들은 비교당하면 더 잘해야지 하는 마음보다 감정이 상하게 됩니다. '7세는 이래야 한다'는 기준을 버리고 아이 자체로 온전히 바라봐 주세요.

"일곱 살이나 돼서 아직도 엄마가 씻으라고 해야만 씻으면 되겠니?" 대신 "깨끗이 씻어서 너의 건강을 스스로 지키는 것이 중요해"라고 말해주세요.

비교당하는 아이는 존중받지 못해 자존감이 낮아지고 비교 대상인 형제와도 사이좋게 지낼 수 없습니다.

"네 언니 좀 보고 배워라"라는 엄마의 말에 "그러게요. 제가 언니처럼 잘해야 하는데 더 노력해야겠어요"라고 말하는 아이는 없을 거예요.

저도 엄마를 친구 엄마와 비교했다가 빗자루로 등짝을 맞았습니다.

"미정이네 엄마는 요리도 잘하고 공부도 잘 가르쳐주는데 엄마는 왜 그래?"

비교하는 엄마에게 속상했던 제 속마음을 폭로했더니 엄마는 불같이 화를 내며 언니와 비교하는 것이 저를 위한 것이라고 했습니다.

"엄마, 나는 엄마가 언니와 비교하면 진짜 짜증 났어."

"네가 잘하면 엄마가 왜 언니와 비교하겠어? 엄마가 비교라도 했으니 언니 반이라도 따라간 거지."

엄마가 하는 말이 맞는 말인데 비교만 하는 엄마에게 제 마음을 열 수 없고 더욱더 열심히 해야겠다는 마음은 들지 않았습니다.

비교는 집에서뿐만 아니라 유치원과 학교에서도 늘 일어나고 있어요.

"다른 반은 잘하는데 우리 반은 왜 정리 정돈을 못하지?"

"밥 늦게 먹으면 내일부터 동생 반으로 가야겠다."

"다른 친구들은 다 잘하는데 또 늦니? 거북이랑 친구 할래?"

엄마와 선생님이 비교도 모자라 인격적으로 상처를 주네요. 그래서 비교에서 많이 나오는 거북이도 싫고 게으른 소도 돼지도 싫답니다.

아이들은 개인마다 성장 속도가 달라요. 어릴 때 행동이 많이 늦던 아이가 성장해서 사회의 리더가 되는 것을 보면 아이들은 저마다 타고난 특성과 기질도, 가정환경도 다릅니다. 타고난 특성에 맞게 성장하는 아이를 더 잘하라고 비교하면 아이는 다른 사람에 맞춰 사는 것만을 학습하게 됩니다. 그러니 엄마가 비교하는 목적을 잘 생각해야 해요. 아이가 더 잘하기 바라는 마음에 아이를 자극하기 위한 비교는 당장은 효과가 있을지 몰라도 장기적으로는 마음에 상처만 줄 뿐입니다.

"가현이는 그림도 잘 그리고 공부도 잘하는데 너는 매번 이게 뭐야?"

이렇게 비교하는 엄마의 뜻을 알아듣고 '그래, 열심히 노력해서 가현이처럼 그림도 잘 그리고 공부도 열심히 해야지'라는 마음을 먹는 아이는 없습니다. 아이가 더 잘하기 바라는 마음이라면 비교 대신 노력한 부분을 인정해 주세요.

"정인이가 매일 한 시간씩 꾸준히 공부했는데도 성적이 오르지 않아 속상하겠네."

아이가 한 시간씩 꾸준히 공부했다는 사실을 알아주는 것만으로도 아이는 힘이 납니다.

"응! 정말 속상해. 가현이는 잘하는데 나는 노력해도 잘 안 된단 말이야."

아이는 속상한 마음을 엄마에게 털어놓습니다. 그러면 엄마는 더 좋은 방법을 제안할 수 있고, 아이는 엄마의 마음을 받아 노력할 것입니다.

"정인아, 가현이에게 어떤 방법으로 공부하는지 물어보는 건 어떨까?"

엄마가 더 좋은 방법을 선택하도록 제안하면 아이는 비교당하지 않고 친구의 조언을 듣기도 하고, 자신의 공부 방법을 점검해 보겠죠. 이것이 바로 아이를 위한 방법이에요.

엄마들이 흔히 착각하는 것이 아이의 성공과 행복이 '무언가 잘하는 것'에 달려 있다고 생각하는 것입니다. 아이는 엄마의 격려가 필요할 뿐 자존감을 한없이 끌어내리는 비교의 말과 잘하길 바라는 안쓰러운 시선은 필요하지 않아요. 그리고 사회에서 요구하는 성공의 기준에 소중한 우리 아이를 밀어 넣을 필요도 없습니다.

7. 성공의 경험을 갖게 해주세요

"너는 성실하니까 분명 잘하게 될 거야." 자신감을 갖게 할 때

친구 집에 놀러 갔습니다. 친구 아들이 제게 주려고 주스를 꺼내 왔네요. 그런데 그만 주스를 따르다 바닥에 흘리고 말았습니다.

"지호야, 왜 그렇게 덤벙거려? 왜 주스 하나도 제대로 따르지 못해?"

친구는 주스를 흘린 아이를 야단치며 제게 아들 흉을 봅니다.

"우리 애는 왜 저렇게 덤벙거리고 매번 같은 실수를 하는지 모르겠어."

지호가 어쩔 줄 몰라 하며 바닥에 흘린 주스를 닦으려고 하자 친구는 "저리 비켜. 엄마가 치울게"라며 쏟은 주스를 닦고 아이가 들고 있던 컵을 빼앗아 싱크대에 확 넣고 새 컵에 주스를 따라

주었습니다. 친구의 그런 행동에 제가 더 무안하더군요. 아이가 주스 흘린 게 뭐라고 저렇게 야단을 치는지 이해가 되지 않았습니다. 저는 실수한 아이는 이해가 되는데 친구의 행동은 이해가 되지 않아요.

그런데 잘 생각해 보면 저 역시 우리 아이의 실수는 이해하지 않고 다른 아이의 실수는 너그럽게 대한 적이 많았습니다. 아이가 실수하고 못마땅한 행동을 할 때마다 저는 저만의 방식으로 야단을 쳤습니다. 아이를 너무 사랑해서 고쳐주고 싶은 마음에서요. 처음부터 아이를 비난할 생각은 없었습니다.

엄마의 비난이 아이의 성장에 부정적인 영향을 준다는 것을 저는 너무 늦게 알았습니다. 아이가 실수했을 때 엄마가 야단치면 아이는 눈치를 봅니다. 그래서 자신이 원하는 것이 아니라 엄마가 원하는 것을 맞춰갑니다. 결국 자신이 하고 싶은 것보다 엄마가 시키는 것을 따르게 되죠. 저도 어릴 때는 '괜히 했다가 엄마한테 혼나지 않을까?' 하는 생각에 하지 않았던 일이 많았습니다. 스스로 하고 싶지도 않고, 도전 따위는 시도하고 싶지 않았습니다. 강압적인 선생님을 만나면 하지 말라는 건 절대 하지 않고 선생님이 시킨 것만 했어요. 결국 제 창의성은 사라지고 정작 창의성을 발휘해야 할 때는 아무리 머리를 쥐어짜도 발휘할 수 없었답니다. 아이의 실수에 야단치는 것보다 작은 일이라도 성공의 경험을 느끼게 하면 어떨까요? 이런 성공의 경험이 아이의 삶에 큰 영향을 준답니다.

아이들은 자기 스스로 해본 것이 많아야 할 수 있다는 자신감을 갖게 됩니다. 실수나 비난만 받으면 "나 못 해" "난 안 해"라며 자신을 믿지 못하고 무언가를 시도할 때마다 불안해하게 되죠. 스스로 무언가를 해볼 기회가 없다면, 무엇을 해도 잘 못하면 어쩌나 겁이 나고 무엇이든지 엄마에게 해달라고 매달립니다. 자신감이 있는 아이는 작은 것을 성취해도 기쁘고 자기가 한 것에 대해 자부심을 느낍니다. 하지만 엄마의 기준점이 너무 높거나 아직 서툰 자기 대신 척척 다 해주는 엄마를 보면 의욕이 사라집니다.

엄마가 아이에게 '너는 이것도 못 해?'라며 다그치는 이유는 뭐든지 완벽하게 잘하기 바라는 마음 때문입니다. 하지만 완벽을 추구하는 환경에서 자란 아이는 충분한 능력이 있다 하더라도 자기가 부족하다고 여겨요. 엄마가 원하는 완벽을 달성하지 않으면 아무 의미가 없다고 생각하기 때문이에요. 아이들은 운동을 잘하고 책을 잘 읽고 영어를 잘해야만 자신감이 생기지 않아요. 자신감은 엄마가 아이가 한 작은 일도 인정해 주고 기를 살려줄 때, 그리고 엄마가 나를 사랑하고 이해해 준다고 느낄 때 생깁니다. 또 집안의 분위기가 허용적이고 따뜻하며 화목할 때 그 속에서 아이는 자신감이 넘칩니다.

아이를 사랑하는 엄마는 고민은 너무 많습니다.

"우리 아이는 너무 문제가 많아요. 공부도 못하고 내성적이고 편식도 심하고 친구도 많지 않아요. 그리고 하고 싶은 게 없는 것 같아요. 어떻게 해야 할까요?"

아이의 단점을 줄줄이 이야기하는 엄마는 어떤 사람일까요?

"엄마는 영어도 수학도 잘하고 누구에게나 스스럼없이 다가가는 성격에 편식은 절대 하지 않고 다이어트도 마음먹은 대로 칙척 잘 하나요?"

엄마들의 이야기를 듣고 있으면 '짠' 하고 요술을 부려 아이의 단점을 모두 없애주어야 할 것 같아요. 엄마가 아이를 볼 때 이것도 문제, 저것도 문제, 문제 아닌 것도 문제라고 말하는 이유는 아이가 뭐든지 잘하기 바라는 마음 때문입니다. 그 마음이 잘못된 것은 아니지만 아이가 뭐든지 잘하려면 우선 성공의 경험을 가져야 해요.

저는 초등학교 때 구구단을 외우지 못하고 받아쓰기도 못했습니다. 정말 잘하고 싶은데 선생님 앞에만 가면 잘 외우던 구구단도 모두 잊어버려 버벅댔지요. 제가 책을 읽어야 할 차례가 다가오면 가슴이 떨려 글자가 보이지 않았어요. '혹시 틀리면 어쩌지' 하는 마음에 불안했습니다. 이런 제가 바보 같다는 생각에 기

죽어 있었는데 아버지는 잘할 수 있다고 늘 웃으며 격려해 주셨어요.

"공부는 달리기처럼 계속하다 보면 잘할 수 있어. 너는 성실하니까 분명 잘하게 될 거야."

저는 아버지의 말에 힘을 받고 노력했습니다. 그러다 보니 외우는 것도 점점 나아지고 선생님 앞에 나가서도 예전보다 덜 떨렸습니다. 또 글자를 또박또박 잘 썼다는 칭찬을 받고 나서는 노트 필기가 재미있어졌어요. 쓰는 것에 재미를 붙이니 필기를 잘하기 위해 수업시간에 집중하게 되고 수업이 재미있다 보니 시험 때 핵심을 알 수 있어 성적이 올라갔습니다. 시작은 글자를 반듯하게 잘 쓴다는 칭찬 한마디였는데 그 결과 나도 노력하니까 된다는 자신감을 갖게 되었습니다.

승현이는 친구들에게 큰 관심이 없고 운동에 관심이 많아 친구들과 운동하며 마음껏 놀 수 있게 했습니다. 주말이면 더 많은 운동을 할 수 있게 동네 공원을 찾았습니다.

"엄마, 난 선생님이 너무 좋아. 우리 선생님은 운동장에서 자주 놀게 해 주셔. 우리 자주 바깥놀이도 해. 비가 와도 강당에서 체육을 해서 너무 좋아. 엄마는 내가 체육시간 얼마나 기다리는지 알지?"

"그럼~ 우리 아들이 체육을 얼마나 좋아하는지 당연히 알지."

저는 흥분된 목소리로 맞장구를 쳤습니다.

"체육시간에 친구들이 나한테 와서 같은 편 하자고 해. 나는 죽을 때까지 매일 체육만 했으면 좋겠어."

공부에 더딘 승현이는 운동을 통해 친구 관계에 자신감을 얻었습니다.

성공의 경험은 아이마다 다 다릅니다. 운동을 통해 갖기도 하고, 친구를 통해서 느끼기도 하고, 공부를 통해서 갖기도 합니다. 그런데 어떤 선생님들이 공부 못하는 아이를 한심하게 생각하고 엄마마저 큰일처럼 바라보니 아이는 마음을 둘 곳이 없습니다. 노력해서 받아쓰기 100점을 맞으면 그 100점이 중요한 게 아니라 노력하니까 된다고 느끼는 성공의 경험이 중요해요. 아주 작은 성공이 쌓여 아이의 수많은 가능성을 열어줘요. 공부 못하는 아이에게, 노력해도 잘 안 되는 아이에게 할 수 있는 방법을 알려줘야 하지 않을까요?

아이가 좋아하는 것부터 출발하세요. 제가 하니까 된다는 것을 처음 느낀 날은 사회책을 달달 외워 기적처럼 100점을 맞은 날입니다. '어, 하니까 되네? 그동안 내가 안 한 거였구나!'라고 생각하며 암기과목부터 흥미를 가졌습니다. 아이가 자신감과 흥미를 갖게 하려면 아이들의 취약한 부분을 보완해 주고 잘할 수 있는 환경을 만들어 줘야 해요. 그러면 아이는 '노력해야지' '또 해봐야겠다' 하며 자신감을 갖게 될 것입니다.

엄마들은 다른 아이에게는 관대하고 너그러운데 우리 아이의 실수에는 엄격합니다. 특히 엄마가 자주 하던 실수를 아이가 하면 더 많은 잔소리를 합니다. 내가 싫어하는 그 행동을 아이가 똑같이 되풀이하니 얼마나 싫겠어요.

하지만 아이의 실수에는 잠시 머물고 성공의 경험에 오래 머물게 하면 어떨까요? 분명 아이는 성공의 경험으로 자신이 가진 무궁무진한 가능성을 펼쳐 보일 것입니다. 아이 입에서 '노력하니까 좋은 결과가 나오네!' 하는 감탄의 소리가 나오도록 늘 아이의 편이 되어 지지와 격려를 해주세요. 따뜻한 가정 분위기 속에서 아이가 충분한 사랑을 느끼도록 해주세요. 그것이 엄마가 아이에게 해주어야 할 역할입니다.

8. 칭찬하고 격려해 주세요

"자기 일을 스스로 하다니 훌륭해."
좋은 습관을 길러주고 싶을 때

아침에 일어나기, 밥 먹기, 준비물 챙기기, 숙제하기, 씻기, 잠자기…… 엄마 손이 가지 않으면 스스로 하지 않습니다. 무엇이든 재촉해야 하고, 시켜도 듣는 둥 마는 둥 하는 아이를 보면 답답하기만 합니다. 엄마는 아이가 스스로 했으면 좋겠는데 그러지 못하는 아이를 보면 한숨만 나옵니다. 엄마가 답답한 이유는 매일 똑같이 말을 해줘도 못하기 때문입니다. 아이는 체계적으로 일과가 돌아간다는 것을 이해하지 못해요. 그래서 엄마는 매일 똑같은 말을 하는데 아이는 매번 다른 말을 듣습니다. 엄마가 매일 똑같은 잔소리를 하지 않으려면 예측 가능한 환경이 되도록 규칙을 만들어 몸으로 익힐 수 있도록 도와줘야 해요. 자전거를 배울 때 몸에 익숙해져야 자전거를 타듯이 규칙이 몸에 익숙해지도록 도와주세요.

엄마가 재촉하는 일이 무엇인지 점검해 보고 아이와 함께 의논해 보세요. 예를 들어 아침밥 먹는 시간, 준비물 챙기는 시간, 숙제하는 시간, 아침에 일어나는 시간, 저녁에 잠드는 시간, 게임하는 시간, 씻는 시간 중 처음에는 2~3가지만 선택해서 스스로 실천한 후 점점 늘립니다.

"정인아, 아침 8시에 일어나기랑 9시에 잠자기를 스스로 할 수 있겠어?"

"아니, 난 9시에 잠자려면 잠이 잘 안 와. 9시 30분까지는 잘 수 있어."

이때 '유치원생이 9시에는 자야 하는데'라고 생각하고 아이를 설득하지는 마세요. 첫술에 배부를 수 없잖아요. 체계적으로 계획을 세워 2~3가지 규칙을 스스로 지키다 보면 습관이 몸에 배게 돼요. 아이들은 스스로 하는 것과 매일 꾸준히 하는 것이 버거울 수도 있답니다. 아이와 맞서서 싸우기보다 이해하고 공감해서 아이의 습관을 형성해 주면 어떨까요.

"너 또 안 씻고 잘 거니?"

"엄마는 맨날 나만 가지고 뭐라고 해, 엄마도 안 씻어놓고."

엄마와 맞대응하거나 아니면 엄마의 잔소리를 귓등으로 흘려버릴지도 모르니 대신 이렇게 말해보세요.

"네가 좋아하는 게임하고 있구나. 그런데 먼저 씻고 하는 게 어떨까?"

"아차, 먼저 씻고 해야지."

아이를 이해해 주면 엄마에게 고맙다는 생각을 하며 스스로 행동으로 옮깁니다. 그것이 좋은 습관 형성입니다.

"네가 매일 8시에 씻는다고 약속했잖아. 겨우 3일 하고 안 할 거야?"

내가 약속한 것도 맞고 3일만 지킨 것도 맞는데, 아이는 자기가 잘못했다는 생각보다 엄마가 또 잔소리한다고 느끼며 억지로 씻겠죠. 규칙을 정해놓아도 몸에 배기 전에는 깜박 잊어버릴 수 있으니 익숙해질 때까지 엄마가 친절하게 알려주세요.

아이들은 알아서 하는 것이 정말 어렵습니다. 솔직히 어른도 알아서 하는 건 어렵잖아요. 아이들은 자기가 관심 있는 일에는 집중하지만 꼭 해야 하는 일을 척척 하기가 아주 어려워요. 어른들은 해야 할 일이 있으면 거기에 집중하지만 아이들은 자기가 관심 있는 것이 주변에 많을수록 집중하기가 어렵고 체계적으로 하기는 불가능에 가까워요.

그래서 아이들에게 많이 사용하는 것이 계획표, 하루 일과표, 단순한 계획표예요. 거창한 피자 모양 하루 일과표가 아니라 아이와 함께 의논해서 아이가 할 수 있고 매일 습관이 되어야 하는 것 몇 가지를 일과표에 써보세요. 잠자는 시간, 밥 먹는 시간, 일어나는 시간, 물건 챙기는 시간을 정해보면 아이들은 자기가 정한 규칙을 잘 지키려고 노력합니다. 그런데 아이가 잘 못할 수도 있어요. 습관이라는 것이 계획대로 되지 않고 약속이라는 것이 마음처럼 잘 지켜지지 않거든요. 지켜야 할 규칙을 잘 지키지 않는다고 너무 나무라지 마세요. 아이들은 야단을 맞으면 의욕은 떨어지고 서운한 감정만 남거든요. 또한 앞으로도 아이 스스로 하는 것을 기대하기 어렵습니다.

"아침에 일어나는 것이 어렵지만 오늘 으쌰으쌰 힘내서 일어나 보자."

"아침에 일찍 일어나서 엄마와 즐겁게 유치원 갈 준비하자."
이렇게 말해주면 아이는 2가지를 생각합니다. 엄마가 일어나기 싫은 내 마음을 알아준다는 것과 엄마와 함께 유치원에 간다는 생각에 즐거워져요. 그렇다고 당장 벌떡 일어나는 것은 아니지만 미루지 않고 일어나려고 노력한답니다. 아이들이 작은 습관을 지키지 않을 때 화내지 말고 추궁하지 말고 따뜻한 말로 아이와 문제를 함께 풀어보세요. 이렇게 하다 보면 습관이 됩니다. 아이 스스로 규칙을 지킬 수 있도록 잔소리 대신 격려하고 이야기해 주면 어떨까요? 또 작은 일이라도 스스로 했을 때 칭찬을 해주면 이 과정을 통해 아이는 스스로 좋은 습관을 가지게 됩니다.

모든 성실함이 두각을 나타내며 좋은 결과를 내지는 않죠. 성실함이 유지되려면 오랫동안 지탱할 수 있는 지치지 않는 힘이 가장 필요해요. 아이들은 스스로 선택한 일에 대해서만 좋은 결과를 낼 수 있답니다. 엄마가 강요한 습관과 규칙은 오래 유지하기 힘듭니다.

저는 승현에게 공부를 재촉했습니다.

"승현아, 조금만 더 열심히 하면 안 돼? 엄마는 그랬으면 좋겠어, 학원 하나 더 다니면 안 될까?"

"엄마, 나 힘들어. 난 힘들면 오래 못 해."

힘들다는 아이를 이해하는 척했지만 제 욕심에 아이를 계속 설득했습니다.

"승현아, 그래도 힘내서 한번 해봐, 친구들은 학원 3개씩 다니는데 너는 1개 다니잖아."

제가 친구와 비교했을 때 아이는 입을 꾹 다물었지만 나중에 알고 보니 모두 담아두고 있더군요.

"엄마는 내가 창피해?"

"승현아, 그게 무슨 말이야? 네가 왜 창피해?"

"나는 공부도 못하는데 친구들처럼 학원도 많이 안 다니고, 그래서 엄마가 창피하지?"

"아니야, 엄마가 욕심을 부려서 그래, 친구들과 비교해서 미안해. 엄마가 잘못했어."

"아니야, 괜찮아. 난 혹시 엄마가 나를 창피해하나 생각했어."

아들의 말에 순간 머리가 멍해지며 정말 마음이 아팠습니다. 엄마도 용기가 필요합니다. 아이에게 상처 준 말들을 사과할 수 있는 용기 말이죠.

승현이는 엄마가 강요한 것은 끝까지 하지 못했지만 자기 스스로 결정한 것은 포기하지 않고 최선을 다했습니다. 방 정리 정돈도, 자신이 원한 학원도 거르지 않고 열심히 다녔습니다. 승현이에게 공부 잣대를 대면 성실하지 않을지 몰라도 습관의 잣대로 대면 매우 성실합니다. 엄마가 깨우지 않아도 아침이면 스스로 일어나는 걸 보면 성실이란 자신과의 약속을 지키는 것입니다. 엄마도 아이의 성실함을 알아주고, 스스로 할 일도 메모해 주고, 매일 하는 일이라도 스스로 했을 때 힘찬 격려도 해주어야 합니다. 아이들은 그 속에서 자신의 존재를 알아가요. 작은 것이지만 성공했을 때 함께 기뻐해 주는 것이 아이에게 성실함을 느끼게 하는 과정입니다.

아이가 스스로 성실하기를 바란다면 좋은 습관이 형성되도록 해주세요.

첫째, 긍정적인 말로 마음을 움직여 보세요.

"네가 정말 좋아하는 TV 보는구나, 먼저 씻고 보는 게 어때?"

이렇게 말하면 아이는 마음이 움직일 것입니다.

둘째, 아이가 해야 할 일을 계획을 세워 스스로 실천하게 도와주세요.

매일 해야 하는 것 2~3가지를 시간과 규칙을 정해 지키도록 하세요. 아이가 정하도록 하면 더 효과적입니다. 습관이 되기 전에 너무 많이 요구하면 포기할 수 있으니 딱 지킬 수 있는 것부터 출발하세요.

셋째, 만족감을 느끼도록 해주세요.

작은 일이라도 스스로 했을 때 또 하고 싶은 의욕이 생기거든요. 조금씩 변해가는 자신을 보고 더 열심히 하게 됩니다.

'큰 재주를 가졌다면 근면은 그 재주를 더 낫게 해줄 것이며, 보통의 능력밖에 없다면 근면은 부족함을 보충해 줄 것이다'라고 영국 화가 조슈아 레이놀즈는 말했습니다. 이 말처럼 성실함의 위대함은 우리 아이의 작은 습관에서 시작됩니다.

9. 혼내지 않고 말하세요

"널 사랑하지만 그 행동은 싫어."
아이의 행동을 교정하고 싶을 때

저는 엄마에게 혼났던 기억이 아픔으로 자리 잡았습니다. 그래서 나는 내 아이에게 절대 그러지 말아야겠다고 다짐했지만 엄마가 된 이후 엄마가 저를 혼냈던 모습 그대로 아이를 혼내고 있었습니다. 다 혼내고 나서 그런 스스로의 모습을 보면서 자괴감이 들었어요. 이것은 프로이트가 말한 방어기제인 '동일시' 때문입니다.

가장 싫은 나의 모습은 어떤 모습일까요? 엄마들과 이야기해 보니 자기 감정을 주체하지 못하며 아이를 혼내고 있는 자신을 미워합니다. 엄마는 혼내는 것이 아이를 위한 거라고 변명해요. 참 이상하게도 어릴 때 엄마에게 무자비하게 혼났던 내가 어른이 되어 아이를 혼내면 더 이상 두렵거나 불안하지 않습니다. 무섭던 아버지의 모습을 그대로 자기가 따라 하고 있다면 더 이상 아버지가 무섭지 않은 효과입니다. 바로 '동일시'예요. 화내고 야단치는 엄마는 지금 '동일시'라는 방어기제를 사용하고 있는데 엄마에게 혼나고 불안해하며 두려워했던 어린 자기 자신을 보호하기 위해 사용하는 방어기제랍니다.

저는 어릴 때 엄마가 혼내면 '혹시 우리 친엄마 맞나?' 하는 생각을 했어요. 제가 말썽부릴 때마다 다리 밑에서 주워 왔다고 하는 엄마의 농담이 저에게는 상처였어요. '진짜 엄마라면 왜 나만 혼낼까?' '내가 공부 못하니까, 내가 못생겨서 나를 버릴지도 몰라.' 불안감에 엄마가 원하는 대로 나 자신을 맞추었어요. 엄마가 원하는 모습이 되기 위해서 자꾸 엄마 눈치를 보고 학교에서는 선생님 눈치를 살피고 밖에서는 권위 있는 어른에게 맞추었습니다.

아이는 엄마가 말하면 잔소리, 친구가 말하면 조언이라고 생각해요. 자기가 원할 때 해주면 조언, 원하지도 않을 때 말하면 듣기 싫은 잔소리랍니다. 엄마는 아이의 잘못을 고쳐주고 싶은데 아이는 그것을 원하지 않아요. 아이를 위해 도움을 주고 싶은데 역효과만 날 뿐이에요.

아이가 엄마의 잔소리는 나를 위한 것이라고 생각하기란 쉽지 않아요. 왜냐하면 엄마가 아이를 존중하지 않고 말하거나, 아이를 가르쳐 줘야만 하는 존재로 생각하거나 가끔 엄마 감정대로 말하기 때문이에요.

"엄마, 나도 다 알아, 내가 알아서 할게. 더 이상 간섭하지 마."

"네가 뭘 알아서 해? 엄마가 너 생각해서 하는 말인데 말버릇이 그게 뭐야?"

"그러니까 간섭하지 말라고. 내가 알아서 한다고."

"엄마가 너 도와주려고 하는데 너는 왜 그래?"

아이에게 간섭하는 것도 모자라 아이의 말버릇이 마음에 들지 않으면 엄마의 권위를 내세웁니다.

"윤정인, 너 이리 와봐! 너 엄마가 말하는데 어디 대들어? 엄마한테 말버릇이 그게 뭐야? 너 엄마한테 혼나볼래!"

아, 이렇게 말하려고 한 건 아닌데 결국 아이에게 화만 내고 말았습니다. 이것도 어릴 때는 통하지만 아이가 조금만 크면 엄마하고는 말이 통하지 않는다고 단정 짓고 무시해 버립니다. 아이를 생각해서 말해줬더니 엄마한테 간섭하지 말라고 무시하니 엄마는 억울하고 서운해서 눈물이 납니다. 엄마가 틀린 것이 아니라 엄마의 마음을 전하는 방법이 틀린 것입니다.

"네 친구는 왜 그래? 엄마가 그런 애랑 다니지 말라고 했지? 너까지 괜히 공부 안 하고 휩쓸려 다니지 말라고."

아이는 엄마 말을 듣기 싫은 게 아니라 가치관이 충돌되는 것입니다. 나는 친구가 좋은데 엄마는 이상하다고 비난하니 엄마를 설득시킬 힘도 없고 이런 엄마를 이해하기는 더 어렵습니다.

엄마는 아이를 야단치는 것이 아니라 아이의 행동을 야단칩니다. 집에서 뛰어다니는 아이를 보고 엄마는 층간소음이 걱정이 돼 야단쳤지만 아이는 엄마가 자기를 미워한다고 생각해요. 아이는 엄마가 나를 수용한다고 느껴야 그다음 말을 듣습니다. 그래야 '엄마가 나를 위해 말한다'고 생각하고 자신이 잘못된 행동을 하고 있다는 것을 깨닫습니다.

그렇지 않으면 아이는 마음 깊은 곳에서 엄마는 맨날 자기만 야단친다고 생각해요. 엄마 역시 답답하죠. "내가 언제 맨날 너만 야단치니? 네가 그렇게 하니까 야단맞지"라고 아이를 몰아붙어요. 그러나 아이는 아직 어려 "너는 사랑하지만 네가 지금 하는 행동은 싫다"라는 말을 이해할 수 없어요. 어른인 엄마도 아직 행동과 감정을 구분하기 힘든데 아이는 당연히 더 어렵습니다.

아이들은 누구나 부모가 권위를 행사하고 행동을 제한하면 당장은 달라져요. 그렇다고 매번 부모의 권위로 아이를 제재할 수는 없어요. 제재를 하지 않고 다 허용할 수도 없죠. 부모라면 아이의 잘못된 행동은 제한해야 합니다. 무조건 받아들이는 척할 필요도 없고 수용하는 척할 필요도 없습니다. 엄마의 감정을 솔직하고 분명하게 말하세요. 그러면 아이는 엄마가 어떤 부분을 못마땅해하는지 알고 대처 방법도 알게 된답니다. 이런 솔직한 진심이 아이와의 좋은 관계를 이어갑니다.

아이에게 화내지 않고 대화하고 싶다면 이렇게 해보세요.

첫째, 부정적인 감정을 섞지 않고 말합니다.

엄마는 말하다 보면 아이 자체를 야단치게 됩니다. 아이는 다른 건 다 잊어버려도 나를 야단쳤던 것은 잊어버리지 않거든요. '도대체 넌 무슨 생각이야?' '너는 생각이 있어, 없어?' 제발 아이에게 감정적으로 대하지 말고 지적하고 싶은 문제만 말하세요.

둘째, 핵심만 말합니다.

핵심만 말하면 고치기 쉬운데 주저리주저리 다른 말을 많이 하면 도대체 엄마가 무슨 말을 하는지 모르거든요. 또 엄마가 전하고 싶은 말이 아이 귀에 들어오지 않고 설령 들어왔다고 해도 바로 잊어버립니다.

"엄마가 저번에도 이야기했는데 몇 번째 주의를 줘야 하니?" "엄마가 지금 무슨 이야기했는지 다시 말해봐." 이렇게 어린아이 취급하는 것도 좋지 않아요. 너무 중요한 이야기라서 아이에게 인지시켜 주고 싶다면 "엄마가 오늘 한 이야기는 ○○이야, 잘 기억해 줬으면 좋겠네"라고 한 번 더 정리해 주면 됩니다.

셋째, 아이의 잘못은 한 번만 말합니다.

아이가 잘못했을 때 대부분의 아이들은 자신의 잘못을 알고 있습니다. 잘못을 알고 있는 아이에게 그것을 각인시켜 주려고 몇 번이나 이야기하고 확인받고 잔소리하면 아이는 엄마의 말을 흘려버립니다. 이것은 속상한 아이에게 불을 지르는 것입니다. 아이들은 엄마가 생각하는 것보다 자기가 고쳐야 할 점을 잘 알고 있습니다. 다만 잘 고쳐지지 않을 뿐입니다. 엄마도 다이어트를 결심하면서 '오늘까지만 먹고 다이어트해야지'라고 합리화하잖아요. 아이들도 자신의 문제를 알고 있지만 잘 고쳐지지 않고 다시 다짐하고 시도하는 과정을 반복하며 결국 고쳐집니다.

엄마는 아이의 행동이 문제지 아이가 문제가 아니라는 것을 꼭 기억했으면 좋겠어요. 엄마는 그냥 말한 것인데 아이는 그 잔소리에 상처받게 되니까요.

혹시 엄마인 내가 과거에 혼났던 기억을 꺼내어 아이를 혼내고 있는 건 아닌지, 가장 무서웠던 엄마의 모습을 엄마가 된 지금 '동일시'하는 건 아닌지 생각해 보세요. 엄마가 잔소리하며 화를 내는 이유는 아이의 문제 행동이 고쳐지길 바라는 마음 때문입니다. 위의 3가지를 잘 지킨다면 아이는 엄마의 마음을 감사하게 받아들이고 자신의 문제를 점점 고쳐나갈 것입니다.

10. 사실만 말하세요

"지금 일어나지 않으면 지각할 거야." 아이의 잘못을 지적할 때

오냐오냐하면 버릇없어질까 걱정되고 엄격하게 혼내면 그때뿐인 것 같아 엄마는 고민입니다. 엄마는 고민하다가 야단치는 일을 아빠에게 넘깁니다. 그런데 아빠가 엄할수록 처음에는 듣는 척하다가 아이가 힘이 생기면 더 이상 아빠 말을 듣지 않습니다. 아이가 뺀질뺀질 말을 듣지 않으니 부모 목소리는 점점 더 커지고 결국 매를 들게 돼요. 아이를 혼내면 혼낼수록 스스로 결정할 기회를 잃어버리고 결국 문제행동으로 표출됩니다. 그러니 엄마는 말을 듣지 않거나 잘못된 행동을 하는 아이에게 평가적 형용사를 더 많이 사용하게 됩니다.

정인이가 그림을 그리는데 동생이 가만히 쳐다보다가 누나가 그림 그리는 것이 재미있어 보였나 봐요. 자기도 함께 그리겠다고 누나 그림에 낙서를 합니다. 누나는 그런 동생을 가만둘 수 없겠죠? 결국 동생을 때려 울게 만듭니다. 엄마는 정인이에게 한 치의 망설임 없이 평가적으로 말합니다.

"야, 윤정인, 너 정말 나쁘네. 동생을 때리면 어떻게 해?"

"너 동생 때리는 게 얼마나 못난 행동인지 알아? 몰라?"

"정인아, 네 맘대로 안 된다고 동생 때리면 되겠어? 너 정말 못됐구나."

엄마는 동생을 때린 것이 나쁘다고 말했는데 아이는 '나의 전부가 나쁘다'라는 뜻으로 받아들입니다. 그리고 동생이 잘못한 것은 말 안 하고 자신에게만 뭐라고 한다고 생각해서 너무 억울해 눈물이 나고 입을 삐쭉거립니다.

"정인아, 동생이 우는데 엄마는 왜 그런지 궁금하네."

이 말은 네가 이유 없이 동생을 때릴 리 없다는 믿음이 담긴 뜻입니다. 어떤 엄마는 아이를 이해하기 위해서가 아니라 때린 이유가 궁금해서 아이를 이해하는 척 추궁합니다. 그러지 마시고 아이들이 다투었을 때 두 아이의 이야기를 모두 들어보세요.

"정인아, 동생이 울고 있는데 엄마는 무슨 일인지 궁금해."

"내가 그림 그리는데 승현이가 내 그림에 낙서를 하잖아. 나 공주 다 그렸는데 망쳤어."

"정인이가 공주 다 그렸는데 동생이 낙서해서 속상했구나, 엄마가 승현이 이야기도 들어봐도 될까?"

"응, 들어봐."

엄마는 정인이 이야기를 들었으니 승현이 이야기도 들어 본 후 정인이의 잘못된 부분을 설명해 주면 됩니다. 아무리 속상했다고 해도 동생을 때린 것이 정당화될 수 없거든요. 그런데 양쪽의 이야기를 듣지 않고 평가적 형용사로 판결 내리는 엄마도 있어요. '엄마가 있어도 동생 때리는데 엄마 없으면 더 하겠지' 하는 걱정에 혼을 냅니다.

"그렇다고 동생을 때리면 어떡해. 동생도 그림을 그리고 싶어서 그랬겠지, 누나가 동생한테 그러면 돼?"

이 말은 대놓고 이야기하지는 않았지만 결국 아이를 '나쁘다'라고 평가한 것입니다.

아이가 잘못한 것이 있다면 당연히 잘못된 부분은 구체적으로 지적해 주어야 해요. 엄마가 원하는 것이 아이를 야단치는 것이 아니라 아이의 잘못된 행동을 바로 잡는 것이란 걸 기억해야겠지요. 그런데 잘못된 행동을 평가하면서 '너는 나쁘네'라고 말한다면 고쳐지지 않습니다. 아이들은 자신의 어떤 행동이 잘못됐는지 구체적으로 모르거든요. 또 어쩌다 한 번 한 행동을 야단치며 '잘했다. 못했다. 나쁘다. 똑똑하다'라고 평가하면 아이의 마음이 닫혀요. 아이의 행동에 대해 구체적으로 설명해 주면 자신의 잘못이 무엇인지 알게 돼요. 그런데 이런 평가적 말을 들으면 아이는 자존감에 상처를 받아요. 엄마가 잘잘못을 평가할 때마다 그 평가가 자신을 향한 것이라고 생각해서 자존감에 손상을 입게 된답니다. 아이는 나쁜 행동을 구체적으로 말해줄 때 앞으로 그런 행동을 하지 않으려고 노력한답니다. 또 좋은 행동은 더 많이 하려고 노력하니 그것이 모여 우리 아이의 장점이 되기도 합니다.

정인이는 결심을 잘 합니다. 그리고 포기도 잘 합니다. 정인이의 초등학교 1학년 스승의 날 전날이었습니다.

"엄마, 나 내일은 엄마가 안 깨워도 진짜 빨리 일어날 거야! 스승의 날이라 선생님 깜짝 놀라게 해드리려고. 그래서 빨리 학교 가서 준비해야 해."

이렇게 자신 있게 말해놓고 아무리 깨워도 '5분만, 5분만' 하더니 결국은 늦게 일어났습니다. 아니 결심을 하지 말든지 깨우면 일어나든지 도대체 어쩌라는 건지 난감합니다.

"윤정인, 너 이렇게 늦장 부릴 거야? 너 지각대장이야?"

"윤정인, 또 게으름 피울 거야? 벌떡 일어나."

"잘한다, 잘해. 일어나지도 않을 거면서 말만 잘하네."

제가 이렇게 평가적 형용사로 말해버리면 정인이는 앞으로 결심도 못 하겠죠. 또 결심했다가 엄마에게 비아냥거리는 소리를 듣기 때문입니다. 비아냥거리는 대신 정인이 스스로 판단할 수 있도록 말해주어야 합니다.

"정인아, 8시네. 지금 일어나지 않으면 지각하겠다."

"정인이가 일어나겠다는 시간보다 30분이 지났네."

평가하거나 야단은 모두 빠져 있고 사실만 들어 있죠? 아이는 일찍 일어나겠다고 큰소리 뻥뻥 치고 부끄러웠는데, 엄마까지 '나쁘다' '게으르다'라고 평가하면 더욱 속상합니다. 그냥 사실만 말하면 아이의 감정이 다치지 않습니다. 아이가 결심을 지키지 못했더라도 잘하려는 마음은 인정해 주세요.

그러나 엄마도 평가가 아닌 사실만으로 아이에게 말을 건네기란 쉽지 않습니다. 엄마도 과거에 선생님과 부모님에게 평가적 형용사를 많이 듣고 자랐기 때문에 쉽게 고쳐지지 않거든요. 그렇다면 우리 정성을 들여 대화해 볼까요? 정성을 들여 대화할 사람은 직장 상사, 부모, 친구, 시어머니 그리고 아이 모두가 똑같이 해당됩니다. 특히 아이에게 정성 들여 말한다면 아이는 자신이 존중받는 소중한 존재라고 느낄 것입니다.

저는 초등 1학년 때 도서관에서 《욕심 많은 개》 그림책을 읽다 너무 재미있어 가방에 넣어 왔습니다. 집에 오는 길에 경찰 아저씨가 따라오는 것 같아 숨도 안 쉬고 막 뛰었지요. 아버지는 그 사실을 알고 제가 먼저 말하기를 기다리셨지만 저는 우물쭈물하다 결국 사실대로 말하지 못하고 누가 줬다고 거짓말을 했습니다.

"이 책 엄청 재미있겠네, 그런데 다른 친구도 봐야 하니까 내일 갖다 놔라."

저는 이런 아버지에게 고해성사했습니다.

"가져오려고 그런 건 아닌데 책이 너무 재미있어서 나도 모르게 가지고 왔어요. 내일 일찍 도서관에 가져다 놓을게요."

"그래, 도서관 선생님께 혼나거나 벌을 받을 수도 있단다."

"네, 사실 그게 무서운데 그래도 사실대로 말씀드릴게요."

저는 밤새 경찰에게 쫓기고 도서관 선생님에게 벌을 받는 악몽을 꾸었습니다. 정말 무서웠어요. 그때는 창피한 마음이 들었지만 아버지가 화내지 않고 말씀하시니 조금 안심이 되었습니다. 밤새 내일 일을 걱정하며 선생님께 혼날 생각에 잠을 이루지 못했지만 그 후로 남의 물건을 절대 가져오지 않았습니다.

아이는 이렇게 잘못을 하면서 큽니다. 한 번의 실수로 도둑 취급을 하거나 버릇을 고쳐주겠다고 사람들 앞에서 창피를 준다면 효과가 없습니다. 그럴 때 엄마가 친절하게 잘못한 부분만 명확하게 말해준다면 아이는 반성하고 그런 행동을 하지 않으려고 노력할 거예요.

아이가 잘못된 행동을 할 때 이렇게 말해주세요.

첫째, 평가적 형용사를 사용하지 않습니다.

아이가 잘못된 행동을 했을 때 '잘못했다' '거짓말쟁이네' 대신 온전히 아이 입장에서 듣고 잘못한 부분만을 지적하세요.

둘째, 아이의 말을 듣고 3초 후 정성 들여 답해주세요.

아이의 말을 듣다 보면 변명 같아 야단이 먼저 나옵니다. 그러니 3초만 생각한 후 정성 들여 속상한 마음을 공감해 주고 잘못한 부분은 명확하게 짚어주면 돼요.

셋째, 아이에게 도움이 되는 말을 해주세요.

야단치거나 잘못을 따지다 보면 아이에게 도움이 되는 말을 할 수 없죠. 잘잘못을 따져 평가적 형용사를 사용하는 대신 아이에게 도움이 되는 긍정적 조언을 해주세요.

넷째, 아이의 문제를 있는 그대로 바라보고 말해주세요.

평가하거나 해결하려고 하지 말고 있는 그대로 사진을 보듯이 그 장면을 말해요. 대부분 아이는 엄마에게 문제를 해결하고 평가해 달라고 요구하지 않습니다. 그런데 엄마는 자꾸 해결책을 말하거나 아이의 행동을 평가해서 야단치니 아이는 점점 엄마에게 잘못을 숨기게 돼요. 아이가 잘못된 행동을 했을 때 위의 4가지를 잘 실천한다면 아이를 도와주고 싶은 엄마의 마음이 전달될 거예요. 아이와의 대화를 통해 아이의 잘못된 행동을 바로잡고 엄마의 사랑도 보여줄 수 있습니다.

11. 비난하지 마세요

"네가 TV 앞에 있어서 TV가 안 보여." 잔소리를 해야 할 때

재미있는 드라마를 보고 있는데 승현이가 TV 앞을 지나갑니다. 저는 승현이에게 신경질적인 말투로 말합니다.

"승현아, 엄마 TV 못 보게 왜 그래. 저리 비켜."

TV 보는데 아이가 지나가면 안 보일 수 있죠. 그렇다고 이렇게 말하면 아이는 억울하고 '나는 엄마 TV를 못 보게 하는 사람인가?'라고 생각해요.

이런 상황에서는 아이에게 잔소리하지 않고 눈앞의 상황만 말하면 어떨까요?

"TV 앞으로 승현이가 지나가니까 잘 안 보여."

아이를 야단칠 일도 짜증 낼 필요도 없습니다. 아이는 저절로 TV 앞으로 지나가면 엄마가 TV를 볼 수 없다는 것을 알게 돼요.

어떤 엄마는 상처 되는 말을 아무렇지도 않게 말합니다.

"넌 그걸 말로 해야 알아? 생각이 있어? 없어? 그렇게 눈치가 없어서 어떻게 하니?"

생각과 눈치가 있다가도 혼이 나 도망갈 지경입니다.

엄마가 손님과 이야기하는데 아이가 블록과 자동차를 가지고 소리를 내며 놀고 있습니다. 그것도 바로 엄마 옆에서요. 손님만 없다면 당장 야단치겠지만 손님 때문에 참고 손님이 가고 나면 퍼붓습니다.

"너 엄마 옆에서 그렇게 소리 내서 놀지 마, 엄마와 이모랑 이야기하는데 꼭 그 옆에서 블록 소리를 내야 하니?"

"손님이 왔는데 넌 도대체 왜 그래? 엄마 옆에 딱 붙어서 그렇게 크게 소리 내면 어떻게 해, 엄마가 블록은 카펫에서 하라고 했어, 안 했어? 손님이 너를 보고 뭐라고 생각하겠니. 당연히 버릇없다고 생각하겠지."

아이는 그냥 엄마와 이모가 이야기하는 것이 궁금해서 엄마 옆에서 논 것뿐인데 엄마는 버릇없는 아이라고 비난해요. 이런 상황에서는 손님이 계셔도 아이를 존중하며 양해를 구해야 해요. 그러면 아이는 금방 알아듣습니다.

"승현아, 엄마가 이모와 중요한 이야기하고 있는데 블록이랑 자동차 소리가 너무 크네, 승현이 방에 가서 4시까지 놀 수 있을까?"

그러면 아이는 엄마 이야기가 궁금해도 4시까지는 자기 방에 들어가서 놀겠죠. 그렇다면 엄마는 가급적이면 4시에는 손님과 헤어져야 해요. 아이는 엄마가 말한 4시를 기억하고 방에 들어가서 놀고 있거든요. 아이와의 약속을 지켜야 아이도 엄마의 말을 믿고 흔쾌히 방에 들어가서 놉니다. 왜냐하면 엄마는 약속을 지키는 사람이거든요.

저는 어릴 때 엄마 마중을 나갔습니다. 엄마는 버스에서 내려 대야를 머리 위에 이고 집으로 갑니다. 저는 엄마가 너무 좋아 엄마 옆에서 깡충깡충 뛰며 재잘재잘 이야기했습니다.

"엄마 넘어지게 왜 그래? 엄마 옆에 붙지 말고 앞으로 먼저 걸어가."

엄마의 말에 저는 너무 속상해서 '내가 엄마 넘어지라고 그런 것도 아닌데 엄마는 나를 귀찮아해'라고 생각하며 울었습니다. 엄마가 좋아서 그런 건데, 엄마에게 말하고 싶어 버스정류장에서 오래오래 엄마를 기다렸는데, 엄마는 떨어져 걸으라고 저를 혼냈습니다. 제가 엄마의 마음을 이해하도록 친절하게 말해주셨다면 얼마나 좋았을까요?

"엄마 머리 위에 대야가 무겁고 길이 좁아 넘어질 것 같아, 그러니 네가 앞으로 먼저 걸어가."

이렇게 말했다면 저는 엄마의 마음을 잘 알 수 있었겠죠. 제가 엄마가 되어보니 왜 엄마가 그렇게 말했는지를 알게 되었습니다. 그러나 그때 어린 저는 엄마의 마음을 알지 못했어요.

아이들은 자기의 행동이 다른 사람에게 어떤 영향을 미치는지 모를 때가 많습니다. 엄마는 내 행동이 다른 사람에게 어떤 영향을 미치는지 아는 사람이고 아이들은 모르는 사람입니다. 이것이 어른과 아이의 차이죠. 하지만 엄마는 자신이 알고 있으니 아이들도 알 거라고 착각합니다. 아이들은 어떤 목표에 몰두하면 자신의 행동이 다른 사람에게 어떤 영향을 미치는지 잘 느끼지 못해요. 눈치가 없는 것이 아니라 정말로 아직 눈치가 형성되지 않아서 그래요.

아이는 별생각 없이 행동합니다. 엄마를 괴롭히거나 엄마에게 피해를 주려고 행동하지 않아요. 아이가 성장해서 내 행동이 다른 사람에게 영향을 미친다는 것을 알게 되면 자연스럽게 다른 사람을 배려하게 되고 한 번 더 생각하고 행동해요.

아이는 자신이 신나서 큰 소리로 이야기하는 것이 공부하는 언니에게 방해된다고 생각하지 못해요. 언니가 방해받는다는 생각보다 자신의 즐거움에 신경이 더 집중되어 있거든요. 하지만 이런 행동이 타인에게 피해가 간다는 것을 말해주면 아이는 그 이후로 훨씬 조심하게 되고 이런 과정을 통해서 다른 사람을 배려하고 내 행동이 다른 사람에게 미치는 영향까지 생각할 수 있어요. 그런데 엄마는 아이의 잘못된 행동과 엄마의 감정까지 넣어 잔소리합니다.

"너는 왜 그래? 엄마가 흘리지 말라고 했지. 엄마 속상하게 자꾸 그럴래?"

엄마가 이렇게 말한다고 해서 '맞아, 앞으로는 흘리지 말고 먹어야지'라는 결심이 서면 얼마나 좋을까요? 엄마는 아이가 물을 흘리지 않기를 바라는 마음에 야단친 것인데 아이의 마음속에는 미운 감정만 남아 있어요. 그래서 아이를 야단칠 때 고쳐야 하는 행동만 말하라는 것입니다.

"승현아, 물 마실 때는 들고 다니지 말고 앉아서 마셔야지."

"승현아, 물은 다 함께 마시는 거니까 컵에 따라서 마셔야 해."

아이에게 이야기해주면 아이는 '아차! 내가 또 놓쳐버렸네, 다음에는 그렇게 해야지' 하고 생각해요. 이 습관이 잘 고쳐지지 않는다고 해도 엄마에 대한 미운 마음은 생기지 않을 것입니다. 이것만 해도 대성공입니다.

습관은 참 무섭습니다. 저는 아직도 화장실에 갈 때 문을 닫지 않습니다. 어릴 때부터 갇혀 있는 느낌이 무서워 화장실 문을 활짝 열고 사용했거든요. 엄마가 되어서는 화장실에 앉아 간섭까지 합니다.

"승현아, 뛰지 말고 걸어서 다녀."

"엄마, 문 닫아."

그럼 '아차! 내가 또 이러네' 싶어 얼른 문을 닫습니다.

그런데 정인이가 "엄마는 도대체 왜 그래? 화장실 문을 닫아야지! 엄마 진짜 이상한 버릇이야"라고 말하네요.

다 맞는 말이긴 한데 그 말이 오랫동안 마음에 상처가 되더라고요.

엄마의 잔소리를 듣고 자라는 아이는 어느 날 엄마의 말을 듣지 않습니다. 엄마가 죽을힘을 다해 노력해도 엄마의 이야기를 더 이상 듣지 않고 마음의 문을 닫아버립니다. 어릴 때는 힘이 없으니 엄마 말을 잘 듣는 척하지만 아이가 커가면서 엄마의 잔소리는 더 이상 통하지 않습니다. 아이에게 야단칠 때 아이의 잘못된 행동에 대해서만 짧게 말하세요. 그러면 자기 행동을 돌아보고 고치려고 노력할 거예요. 엄마가 잔소리하고 길게 설교하면 다 맞는 말인데 귀에 들어오지 않고 엄마의 목소리가 외계어로 번역될 것입니다.

아이의 행동에 감정을 섞어 비난하는 대신 눈에 보이는 대로 말해주세요.

첫째, 사진을 보고 그 속의 장면을 묘사하듯이 말합니다.

"승현이가 TV 앞을 가리고 있어서 TV가 안 보여."

둘째, 나-메시지로 바꾸어 엄마 입장에서 말합니다.

'너 때문에' 대신 '엄마는'으로 시작하는 나-메시지를 사용하세요. "너 때문에 이모와 말을 할 수가 없어" 대신 "엄마는 블록

자동차 소리가 커서 이모와 이야기하기 어려워"라고 이야기합니다.

셋째, 보이지 않는 상황이나 미루어 짐작해서 일어나지도 않는 말은 하지 마세요.

"너 엄마가 TV 못 보게 하려고 일부러 왔다 갔다 했지?" 미루어 짐작하면 엄마의 말이 아이에게 상처가 됩니다.

똑같은 상황에서 어떤 말을 하냐에 따라 엄마의 말은 보배가 될 수도 있고 독이 되기도 합니다. 엄마는 매일 수많은 상황을 마주하게 됩니다. 이때 엄마의 감정을 버리고, 있는 그대로의 사실만 말해보세요. 아직 어린아이고 내 자식이지만 소유가 아닌 독립적인 존재로 존중하고 설명해 주세요. 아이도 충분히 엄마의 말을 이해할 것입니다.

3장

근면성 대 열등감(8~12세)

열등감에 상처받는 시기예요

에릭슨의 심리사회적 발달단계

2단계	3단계	4단계	5단계
자율성 대 수치심 (3~5세)	주도성 대 죄의식 (5~8세)	근면성 대 열등감 (8~12세)	자아정체성 대 혼돈 (12~19세)

에릭슨의 심리사회적 발달이론 제4단계는 근면성 대 열등감 시기예요. 이때 학교에 다니며 인지적 기술과 사회적 기술을 배웁니다. 다양한 활동을 열정적으로 하면서 근면성이 형성되고 반대로 실패하면 열등감이 형성됩니다.

근면성을 획득해야 하는 시기는 초등학생 때입니다. 초등학교 때는 작은 역할을 수행하면서 성취감을 느껴요. 엄마가 보기에는 별로 중요하지 않은 '매일 우리 반 우유 챙겨 오기, 교실 정리하기, 자료실에서 준비물 가져오기, 교실 화분에 물 주기' 등의 역할을 경험하면서 성취감을 느껴요. 이 활동을 통해 아이는 스스로가 얼마나 멋진지 느끼게 되거든요. 그래서 초등학교 선생님들은 아이들에게 돌아가면서 조별 모둠장을 시키고 아주 사소한 역할도 모든 아이들이 경험할 수 있도록 하죠. 이것은 근면성을 향상시키기 위한 것이에요. 근면성이 형성되려면 우선 아이가 잘하는 것을 시켜줘야 해요. 나도 잘하는 게 있다는 사실을 알게 해 주는 거예요.

유치원에서는 선생님이 무엇이든 친절하게 안내합니다. 그런데 초등학생이 되면 스스로 해야 하는 것이 많아져요. 자기 물건도 스스로 챙기고, 준비물도 빠뜨리지 않고 잘 챙겨야 해요. 모둠 활동이 많아지니 모둠별 성과도 내야 하고 친구들과 협력도 하고 자기 몫도 스스로 해야 합니다. 거기에 수업시간에 집중도 해야 하고, 배워야 할 지식도 점점 많아진답니다. 엄마는 학교생활에 잘 적응하며 꾸준히 자신의 몫을 해내는 아이가 대견하지만 한편으로는 자꾸 부족한 부분이 보여 조급해집니다.

초등학교에 가면 본격적인 경쟁이 시작되는데 엄마는 아이가 이 경쟁에서 성장하기 바라는 마음에 자꾸 재촉하고 채근합니다. 하지만 아이에게 근면성을 키워주기 위해 가장 중요한 것은 심리적인 지지랍니다. 아이 스스로 자신에 대한 믿음과 자신감을 가질 수 있도록 격려해 주어야 하는데. 이런 격려 없이 무엇이든 잘하기만을 바란다면 아이는 엄마의 기대와 상반되게 열등감만 잔뜩 가지게 될 것입니다.

이 시기의 아이들은 신체적, 사회적, 인지적 기능이 활발하며,

다른 사람의 인정을 받으려 애씁니다. 또 친구와 자기를 늘 비교하게 되죠. 이전 단계에서 내가 원하는 것을 타인의 욕구와 함께 해결하는 방법인 주도성이 획득되지 않았거나, 혹은 학교나 부모가 아이에게 편견적 태도를 취할 때 아이는 타인과 자신을 비교하며 자신이 잘하는 것을 찾지 못하고 열등감을 느낍니다.

아이들은 부모가 자신에 대해 긍정적인 기대를 할 때 책임감과 근면성이 생깁니다. 그런데 늘 노력한 만큼 좋은 결과가 나오지는 않아요. 그 결과를 아이 탓으로 돌리게 되면 아이는 근면성이 길러지기보다 오히려 열등감에 시달리게 됩니다. 아이의 근면성을 길러주고 성공을 경험하게 해주고 싶다면 결과보다 과정에 관심을 가지게 해주세요.

"몇 점이니?" "몇 등이니?" "그것밖에 못했어?"라는 평가 대신 "한 단계 올라가는 것이 쉽지 않은데 잘 참고 해냈구나" "책을 읽고 토론을 도전하는 모습이 대단해" "너는 과학에 흥미를 느끼는구나" "매일 꾸준히 공부하는 모습을 보여줘서 고마워"라고 과정을 칭찬해주세요. 이렇게 말해준다면 아이는 자부심을 가지고 열심히 성장할 것입니다.

1. 친절하게 가르쳐주세요

"함께 쓰는 물건은 제자리에 둬야지." 정리 정돈이 필요할 때

"누가 손톱깎이 쓰고 제자리에 안 뒀어?"

저는 무의식적으로 정인이를 쳐다봅니다.

"나 아닌데."

"너 아니면 누구야? 너 저번에도 손톱깎이 쓰고 아무 데나 던져놨잖아."

"왜 나라고 생각해? 엄마가 형사야?"

"우리 집에서 정리 정돈 안 하는 사람이 너밖에 더 있어?"

"헐, 엄마는 매일 정리 정돈 잘해? 엄마도 안 한 적 많으면서."

엄마는 아이가 손톱깎이를 제자리에 두지 않았다고 단정 짓고 아이는 의심하는 엄마를 노려보며 말대꾸합니다. 엄마는 아이와 대화 아닌 대화를 하고 있습니다. 손톱깎이가 없어진 엄마도 속상하고 오해받아 억울한 아이도 짜증 납니다. 설령 아이가 손톱깎이를 잃어버렸다고 해도 아이를 무턱대고 의심하면 아이는 억울한 마음에 엄마에게 미안해하지 않아요.

"매일 나한테만 정리 안 한다고 야단치고. 엄마는 그렇게 잘해?"

"너 엄마한테 말버릇이 그게 뭐야? 또 정리 안 하기만 해봐. 그때는 정말 혼날 줄 알아? 알았어?"

아이는 속상하고 억울한 마음만 들 뿐 앞으로 정리 정돈을 잘해야겠다는 마음은 들지 않습니다.

이럴 때 엄마는 아이에게 정리 정돈을 하지 않으면 모두가 불편하다는 사실만 짚어주면 됩니다.

"정인아, 손톱깎이가 안 보이는데 혹시 본 적 있니?"

"응, 내가 쓰고 책상 위에 둔 것 같아."

"말해줘서 고마워, 그런데 함께 쓰는 물건은 제자리에 둬야 다음 사람이 찾지 않아. 정인이는 어디에 있는지 알지만 엄마는 여러 곳을 찾아야 해."

"오케이, 앞으로는 정리해 둘게."

"그렇게 말해줘서 고마워."

이렇게 대화하면 아이의 행동은 달라지고 엄마도 화낼 필요가 없습니다. 어른도 다 정리 정돈을 잘하는 것은 아니잖아요. 그런데 잘못된 습관을 고치는 것이 새로운 습관을 형성하는 것보다 열 배는 더 어렵습니다.

아이가 정리 정돈을 못하는 이유는 전두엽이 관장하는 '조직화' 능력이 부족해서예요. 성인이 되면 전두엽이 발달해 어느 정도 계획적으로 정리 정돈을 할 수 있지만 저절로 완벽하게 잘할 수 있는 것은 아닙니다. 그렇다고 아이들은 원래 정리 정돈을 못한다고 내버려 두면 조직화 능력이 완성된 어른이 되어도 정리 정돈을 잘하지 못할 것입니다. 그러니 서서히 훈련시켜야 해요.

유치원생 때까지 엄마가 모든 것을 다 해주다가 초등학생이 되었다고 갑자기 아이에게 혼자 하라고 하면 잘할 수 있을까요?

아이들은 24개월이 지나면 자율성이 형성되어 무엇이든 스스로 하고 싶어 합니다. 이때 아이의 서툰 모습 때문에 답답한 엄마는 참지 못하고 대신 일을 해주곤 하는데요. 그것이 지속되면 아이는 계속 엄마에게 의존할 것입니다. 엄마가 반 발 물러나야 아이의 독립성이 길러집니다. '크면 알아서 하겠지'라고 생각하고 어릴 적부터 모든 일을 엄마가 대신 해준다면 아이의 의존성은 늘어나고 자율성은 줄어들게 됩니다. 엄마의 과잉보호가 줄어들 때 아이 스스로 정리 정돈을 할 수 있습니다. 아이들 스스로 할 수 있도록 격려하고 좋은 습관이 형성되도록 도와주세요.

아이가 정리 정돈을 잘하게 하려면 엄마가 친절히 안내해 주세요.

첫째, 절대 화내지 말고 한 단계씩 가르쳐줍니다.

엄마가 따지고 야단치면 아이의 정리 정돈은 늘지 않아요. 메모지를 이용해서 '신발은 신발장에' '옷은 옷장에'라고 써놓으면 시각적으로 보여 정리하기가 쉽습니다. 말로만 지시하지 말고 처음에는 엄마와 함께하다가 나중에는 아이가 정리 정돈한 것을 엄마가 확인해 줍니다. 그러면 정리 정돈 습관이 서서히 몸에 배게 됩니다. 유치원과 학교에서는 매뉴얼대로 정리 정돈을 잘하는 아이들이 집에서는 그러지 못하는 이유가 바로 엄마가 한 단계씩 가르쳐 주지 않기 때문입니다.

둘째, 하루에 한 번 10~15분 정도 정리 정돈 시간을 가집니다.

한꺼번에 몰아서 정리하다가 나가떨어지는 엄마들이 있습니다. 처음에는 엄마가 함께 정돈하다가 익숙해지면 10~15분 동안 아이 스스로 정리하게 하세요. 시간을 정해 주지 않으면 물건을 다 꺼내놓거나 의욕이 앞서 대청소를 하기도 합니다. 이렇게 한꺼번에 치우고 나서 공부를 하라고 하면 큰맘 먹고 대청소를 했으니 마치 모든 일을 끝낸 것 같아 공부가 손에 잡히지 않습니다. 매일 10~15분 시간을 정해두고 그 시간에 정리 정돈을 하게 해주세요.

셋째, 정리된 모습을 사진을 찍어 붙여주세요.

옷장 안 사진을 붙여놓으면 정리가 훨씬 쉽습니다. 색깔별로 정리하기도 하고, 소재별로 정리하기도 합니다. 아이들은 눈으로 보는 것이 많은 도움이 되죠. 정리된 책상 사진은 책상 옆에 붙여주고, 옷장 안의 모습은 옷장에 붙여주면 정리가 약한 아이도 쉽게 정리 정돈을 할 수 있습니다. 직장에서도 이 방법을 많이 사용했는데, 특히 여러 사람이 같이 사용하는 공간에 정리된 사진을 찍어서 붙여놓으면 기적처럼 달라집니다. 이게 바로 시각적인 효과입니다.

넷째, 한 단계가 끝나면 간단히 정리하고 다음 활동을 하라고 해주세요.

책을 보고 있는 아이에게 "책 다 봤으면 정리하고 놀아"라고 말하면 주목적이 책인지 정리 정돈인지 알 수 없습니다. 아이들은 이 책을 보다가 저 책을 보기도 해요. 학교에서는 책을 한 권씩 꺼내 읽고 바로 꽂아두어야 하지만 집에서는 학교처럼 바로 정리하라고 잔소리하지 않는 것이 좋아요. 가족이 함께 사용하는 공간에 이것저것 꺼내서 활동하면 방해가 되지만 자기 방에서는 바로 정리하지 않아도 됩니다.

다섯째, 아이가 정리하기 편하도록 수납 도구를 마련해 주세요.

정리 정돈은 쉬워야 합니다. 너무 세분화하지 말고 종류별로 크게 나누어 정리하도록 하세요. 너무 세분하게 나누면 어렵고 시간도 많이 걸려 정리하는 도중에 포기하게 된답니다.

엄마는 정리를 못하는 아이의 방을 대신 치워주고 화를 내곤 합니다. 저는 초등학생 때 엄마가 방을 치워주고 야단치면 감사한 마음보다 짜증이 났습니다. 그래서 저는 아이를 도와주면서도 정리 정돈 습관이 잡히도록 했습니다. 분류 라벨을 만들어 한 번 더 머릿속에서 확인할 수 있게 했고, 관련된 것끼리 묶어 연관성 있게 분류하고, 필요한 것을 모아 동선을 짧게 했어요. 제가 아이의 물건을 치울 때는 물건이 놓여 있던 곳에 '이어폰은 오른쪽 서랍'이라고 메모해 두었어요. 이렇게 열심히 아이를 도와줘도 가끔 아이는 엄마를 원망합니다.

"엄마는 왜 마음대로 치워? 물건 찾는 게 더 어려워."

"엄마가 정리한다고 했는데 찾기 어려웠구나."

제가 화내지 않고 친절하게 대답하니 아이도 미안한 마음이 들었는지 "다음에는 내가 정리할게"라고 하네요.

저의 수많은 인내 덕분인지 정인이의 정리 정돈 실력이 점점 좋아지더라고요.

"정인이가 정리를 점점 잘 하게 되네. 정인이가 노력하니 엄마가 정말 고마워."

아이의 달라진 모습을 보고 엄마는 인정하고 격려해 주어야 해요. 정리 정돈이 잘 안 되는 아이를 야단치는 것은 엄마의 하소연에 불과하고 아이에게 아무런 영향을 주지 않습니다. 엄마의 칭찬과 격려로 아이는 좋은 습관이 형성될 것입니다.

2. 모범을 보여주세요

"도서관에서 뛰면 안 돼."
공공 예절을 지켜야 할 때

친구와 집 앞 공원에서 커피 한 잔을 마셨습니다. 친구는 요즘 아들 때문에 다람쥐 쳇바퀴 돌듯 사는 것 같다며 몹시 우울해했습니다. 엄마이고 싶지 않다는 친구의 마음을 위로해주고 싶었어요. 인내심이란 어디까지 발휘해야 하는지 엄마는 참 힘들기만 합니다.

아이는 엄마를 의지하며 세상을 살아가요. 아이는 엄마가 없으면 안 되지만 엄마도 엄마의 역할이 힘듭니다. 제가 육아에 힘들어할 때 친정엄마는 아이를 바로잡으려고 너무 애쓰지 말라고 하셨어요. 엄마가 뭔가를 가르치고 바로 잡으려 하면 할수록 아이는 엇나간다는 거였죠. 엄마가 마음의 여유를 가지면 분명 더 좋아질 거라는 조언이었어요.

저는 그때 친정엄마의 말이 큰 위로가 되었습니다. 너무 애쓰지 않는 것은 좋은 엄마가 되기를 포기하는 것이 아니라 분명 좋은 엄마가 될 거라는 확신을 가지고 노력하라는 뜻 같아서 점점 희망이 생기더라고요. 제가 이렇게 마음먹으니 아이도 서서히 달라졌습니다.

저는 육아에 지친 친구를 위로할 겸 친구 집에 갔습니다. 현관문을 여는 순간 어디에 발을 디뎌야 할지 몰랐어요. 친구가 거실에 널브러진 빨래와 장난감을 발로 쓰윽 밀며 들어오라고 하기에 저는 아무렇지 않다는 듯 너스레를 떨며 들어갔습니다.

"귀여운 아들이 말을 안 들어서 힘들지?"

친구가 커피를 마시자며 저를 잡아당기는데 세상에, 정체를 알 수 없는 온갖 간식과 음식이 가득합니다. 커피잔도 놓을 곳이 없는 식탁에, 거실 바닥에는 널브러진 빨래, 블록, 과자 부스러기가 묻은 책이 마구 섞여 있습니다.

"집이 하나도 정리가 안 되어 있어. 어떻게 생활해?"

"우리는 익숙해서 괜찮아. 던져놔도 다 찾아서 입고 써. 간식도 식탁 위에 놓으면 유통기간 보고 잘 찾아 먹어."

친구는 이렇게 살아도 아무 문제없는데 쓸데없는 걱정을 한다는 표정입니다. 그 순간 친구 아들의 담임 선생님께 전화가 왔습니다.

"어머니, 지호가 학급문고 책을 함부로 보고 정리 정돈을 잘 못해서 함께 사용하는 친구들이 조금 힘드네요. 가정에서도 지도해 주셨으면 해요."

"그러게요, 선생님. 집에서는 더 해요. 자기 물건을 아무 곳에 던져놔서 저번에는 찾는다고 혼났어요. 저도 속상해 죽겠어요."

친구는 담임 선생님께 넋두리까지 늘어놓으며 대수롭지 않다는 듯 전화를 끊습니다. 이 문제는 하루아침에 변할 수는 없지만 아이와 함께 의논해야 하죠.

'나는 원래 그래.' '우리 아이는 원래 그래.' 이 말은 아이의 성장에 아무런 도움이 되지 않아요. 엄마는 아이에게 공동물건과 공공시설을 소중히 사용하는 공공 예절을 가르쳐야 합니다.

"지호야, 오늘 지호 담임 선생님께서 전화하셨어."

"선생님이 뭐래?"

"지호가 학급문고 책을 소중히 보지 않고 도서관에서도 뛰어다닌다고 말씀하시네."

아이에게 선생님이 전달한 핵심만 간추려 말하고 엄마의 감정까지 섞어 전하지 않도록 하세요.

"너! 학급문고 책 함부로 던져놓고 사물함이랑 책상 정리도 안 한다면서? 그리고 도서관에서는 왜 뛰어다녀? 너 때문에 엄마가 창피해서 죽겠어, 선생님도 너 흉보시더라. 엄마가 집에서는 정리 안 해도 밖에서는 잘하라고 했어, 안 했어?"

엄마는 아이의 문제를 야단치는 것이 아니라 함께 고민해야 합니다. 아이가 스스로 노력하고 있다면 노력하는 아이의 마음을 공감해 주어야 해요.

"음, 나도 잘하려고 해도 잘 안 돼."

"지호도 잘하려고 하는데 안 돼서 고민이구나."

"응."

"그런데 지호야, 함께 쓰는 물건은 아껴서 사용하고 정리 정돈을 해야 해. 또 다른 사람들이 지호 책상과 사물함을 청소하는 것이 힘들겠지?"

"응, 당연히 힘들 것 같아."

"그래서 엄마가 생각했는데, 엄마도 물건 정리 못하잖아, 앞으로 우리 지호를 위해서라도 정리 잘 하려고."

"응, 나도 잘 안 되지만 노력해 볼게."

"이제 집에서도 자기가 쓴 물건은 정리하자."

지호는 엄마의 행동을 보면서 함께 쓰는 물건은 소중히 써야 한다는 것을 알게 됩니다.

아이들이 공동물건을 함부로 쓰는 건 습관이 되어 있지 않기 때문입니다. 아이들은 집에서 정리 정돈이 어렵다면 밖에서도 공동물건과 공공시설을 잘 사용하지 못합니다. 아이가 도서관에서 함부로 책을 본다면 엄마가 책을 바르게 볼 수 있는 환경을 제공해 주고 알려주어야 해요. "책 똑바로 갖다 놔, 책 볼 때 뛰어다니는 거 아니야, 너 자꾸 이러면 다신 도서관 안 온다"라고 협박해도 아이들은 달라지지 않습니다. 아이는 좋아하는 책을 찾아 엄마와 함께 읽고 다 읽은 책은 책 정리대에 가져다놓는 과정을 통해 공공시설의 규칙을 알게 돼요. 마트에서 뛰고 자기가 원하는 것을 사달라고 떼쓰는 아이는 쇼핑 리스트를 적어 엄마와 함께 시장을 보고, 30분 정도 관심 있는 코너에서 구경하기로 규칙을 정해보세요. 이런 과정을 통해 아이들은 마트는 우리 가족의 물건을 구입하러 오는 곳일 뿐만 아니라 다른 사람들도 쇼핑하러 오는 곳이니 고집 피우며 뛰면 안 된다는 것을 알게 됩니다.

유독 규칙 지키기를 힘들어하는 아이들의 경우 제약이 많은 공연장이나 미술관은 피하는 것이 좋습니다. 아이의 태도가 하루아침에 좋아지기는 힘들잖아요. 지켜야 할 규칙이 적은 공공장소부터 이용하도록 하세요. 아이들의 마음이 즐겁다면 지켜야 할 규칙을 감수할 것입니다. 그런데 엄마가 공공장소에 함께 가서 이것도 하지 말고 저것도 하지 말라고 한다면 아이는 규칙을 지키기 힘들겠죠. 또 엄마가 너무 긴 시간 동안 공공장소에 있으면 아이는 지루하고 힘들어 규칙을 지키기 어렵습니다. 아이들은 지루하고 힘들면 수동적으로 움직입니다.

공공시설을 함부로 사용하는 아이들은 타인을 향한 배려가 없고 도덕성이 부족한 사람으로 자랄 확률이 높습니다. 저는 공공질서가 도덕성과 연결된다고 생각합니다. 남의 물건을 가져오는 것만 나쁜 것이 아니라 공동물건을 함부로 쓰고 공공 예절을 지키지 않는 것도 문제입니다.

아이들과 도서관에 가면 도서관이 익숙해질 때까지 함께 책을 보세요. 아이가 뛰어다니고 큰 소리로 이야기하고 과자를 흘린다면 아이에게 다가가 잘못된 행동을 말해줍니다. 또 공공시설에서 해도 되는 것과 하면 안 되는 것을 명확하고 단호하게 짚어주어야 합니다.

"도서관에서 뛰어다니면 안 돼. 엄마가 뛰지 말라고 했잖아." 대신 "공공시설에서는 예절을 지켜야 해"라고 당위성에 대해 설명해 주세요. 아이에게 공공시설에 대한 규칙을 설명해 주었음에도 행동이 고쳐지지 않는다면 그때는 공공시설을 이용할 수 없다고 단호하게 말해야 합니다.

아이들도 잘못된 행동을 고치고 싶지만 잘못된 행동이 학습화가 되어 쉽게 고쳐지지 않습니다. 습관을 고치기란 얼마나 어려운 일인가요. 그런데 엄마가 모범을 보이지 않고 말로만 지적하면 아이는 반발하거나 건성으로 대답하게 됩니다.

여러 번 주의를 주어도 아이의 행동이 바뀌지 않는다면 아이의 언어로 쉽게 말해주세요. 아이들은 엄마의 말을 잘 잊어버려요. 그러니 아이가 잊어버리는 공공 예절에 대해 인내심을 가지고 습관이 되도록 안내해 주세요. 엄마가 말하면 바로 딱 고쳐지는 다른 아이를 너무 부러워하지 마세요. 어쩌면 바로 고치지 않으면 엄마에게 매우 혼났던 기억들로 인해 혼나지 않으려고 늘 긴장하고 엄마 눈치를 보는 아이일지도 모릅니다.

아이에게 공공시설을 소중히 사용하는 습관을 길러주고 싶다면 엄마부터 모범을 보여주세요. 아이도 사회 구성원으로서 함께 실천하며 성장할 것입니다.

3. 열린 대화를 하세요

"엄마는 네 의견이 궁금해." 욕구를 정확히 표현하지 못할 때

건강한 대화 습관이란 자신의 마음을 정확히 표현하는 것입니다. '말하지 않아도 알아주겠지'라고 생각하고 대화를 하지 않으면 오해와 갈등이 커집니다.

"승현아, 엄마가 지금 봐야 하는 프로그램 있는데 너 TV 그만 보고 공부하면 안 돼?"

"치, 나도 꼭 봐야 하는 프로그램이야."

"나중에 봐. 별로 중요한 것도 아닌 것 같은데, 엄마 지금 당장 봐야 한단 말이야."

"왜 엄마 것은 중요하고 내가 보는 것은 안 중요해? 왜 엄마 마음대로야?"

"너 어디서 버릇없게 그렇게 말해? 엄마가 네 친구야?"

이건 대화가 아니라 폭력이죠? 정말 엄마 마음대로입니다. 자기중심적인 엄마는 엄마 생각만 중요하다고 우기네요. 엄마와 이런 대화를 많이 한 아이는 자신의 욕구를 제대로 표현하지 못해요. 자기주장과 자기중심적 태도는 전혀 다른 것입니다. 자기중심적 태도는 아이의 현재 상태나 입장을 전혀 고려하지 않고, 엄마 입장만 중요하다고 여기는 것입니다. 엄마에게 중요한 TV 프로그램이 있다면 아이의 TV 프로그램도 중요하리라 생각해야 해요. 아이 입장에서는 엄마가 지금 당장 보겠다는 TV 프로그램도 중요해 보이지 않아요. 엄마의 이런 자기중심적인 대화는 아이와 갈등을 만들고 아이로 하여금 엄마는 자기 마음대로 하는 사람이라고 인식하게 합니다.

아이는 엄마에게 무시당했다고 생각합니다. 엄마는 아이에게 양해를 구하는 척하지만 아이는 그렇게 느끼지 않거든요. 아이들은 자신의 욕구를 잘 표현하지 못합니다. 또 자신이 원하는 것을 구체적으로 말하는 것에 서툽니다. 논리적으로 말하기 전에 감정이 앞서서 '엄마는 엄마 맘대로 해'라고 말해버립니다. 그리고 자신은 충분히 자기 마음을 표현했고 이 정도로 말하면 엄마가 알아들었을 거라 착각해요. 아이의 서툰 표현을 엄마는 알아듣지 못했을 뿐인데 아이는 엄마가 자신을 무시했다고 생각하고 뭐든 엄마 맘대로 한다고 생각합니다.

아이가 자신의 욕구를 정확히 표현하지 못하는 것은 엄마 때문입니다. 엄마가 일상생활 속에서 '자기중심적인 대화'를 한다면 아이 역시 다른 사람에게 자기의 마음을 잘 표현하지 못하고 '자기중심적인 대화'를 이어갑니다. 아이는 존중도 배려도 모두 엄마의 말과 행동을 통해서 배웁니다. 예의와 배려 그리고 존중하는 대화는 모두 후천적인 환경에 의해 형성됩니다. 그래서 엄마는 아이와 서로 동등한 입장의 대화를 해야 합니다. 아이들은 초등학생이 되면 대화를 통해 의견을 서로 나누고 협상한다는 것을 알게 되는데 엄마가 자기중심적인 대화를 한다면 아이도 배려와 존중 없는 자기중심적인 말로 대화에 응할 것입니다.

엄마는 아이에게 상처를 주는 말 대신 마음을 알아주는 대화를 해야 합니다.

"무슨 옷을 입을지 가지고 뭘 그렇게 고민을 하니?" 대신 "내일은 특별한 날이라 어떤 옷을 입을까 고민되나 보네."

"그까짓 연필이 뭐라고 그거 찾는다고 밤새 난리야?" 대신 "너에게 소중한 연필이라 꼭 찾고 싶구나, 엄마가 도와줄까?"

"친구가 그런 말을 좀 한 걸 가지고 뭘 그렇게 울어?" 대신 "네 마음이 오해를 받아서 속상하구나"라고 해주세요.

아이의 감정을 싹둑 잘라버려 아이를 나약한 못난이로 만드는 대신 속상한 마음을 이해하고 아이에게 힘을 실어줘야 해요.

저도 친구에게 오해받은 날 며칠을 울고 속상해 이불을 발로 차고 짜증을 냈습니다. 그러다 엄마에게 '질질 짜는 아이'라고 혼났던 기억이 나요. 엄마가 저를 '질질 짜는 아이'라고 단정 지으니 제가 정말 못난이 같았습니다. 친구와 싸워서 속상한테 엄마에게 비난까지 받으니 더 슬프고 속상합니다.

오늘은 정인이와 영화를 보러 가기로 했습니다. 정인이는 약속한 5시가 되어도 집에 오지 않았습니다. 무슨 일이 있나 걱정되어 전화해도 전화도 받지 않고 약속 시간이 20분이나 지난 후 헐레벌떡 뛰어왔습니다. 아이를 보자 저는 걱정하는 대신 화를 내며 아이를 다그쳤습니다.

"지금 몇 시야? 몇 시냐고? 너 시계 볼 줄 몰라?"

"친구와 노느라 시계를 못 봐서 늦게 출발했어."

"늦었으면 얼른 엄마한테 전화해야지, 도대체 전화까지 안 받으면 어쩌자는 거니?"

"응."

아이는 큰 죄를 지은 듯 고개를 숙입니다.

"더 늦었으면 영화도 못 봤을 거 아냐, 약속도 안 지키고 전화도 안 받고 도대체 왜 그러니?"

저는 일어나지도 않은 일을 들먹거리며 정인이를 다그쳤고 정인이는 고개를 숙인 채 아무 말도 하지 않았습니다. 이 상황에서 엄마 중심적으로 아이를 판단하지 말고 아이 입장에서 이해하는 대화를 하면 어떨까요?

"정인아, 5시까지 집에 오기로 했는데 무슨 일이 있었니?"

"친구와 놀다 보니 늦어서 빨리 뛰어왔는데 그래도 늦었어."

"그랬구나. 엄마는 너한테 무슨 일이 있나 걱정했어."

"응, 이제는 시간 잘 확인하려고."

"그래, 친구와 놀다 늦었으면 엄마에게 전화해 줘. 그래야 엄마가 걱정 안 하거든."

아이는 시간이 늦은 걸 알고 최대한 빨리 오려고 허겁지겁 달려온 모양입니다. 그래서 전화를 못 받았네요. 이 상황에서 엄마는 감정을 배제하고 현재 상황을 객관적으로 바라보아야 합니다. 아이들은 내가 하는 행동이 다른 사람에게 피해를 주는지, 엄마를 걱정시킬지 잘 모를 수 있어요. 아이들은 당황하면 이성적인 판단보다 지금 상황을 빨리 벗어나려고 행동하잖아요. 이런 상황에서 아이는 최선을 다했는데도 엄마에게 혼나고 비난받으니 다음에는 거짓말로 엄마와 거리를 둘 것입니다.

아이와 열린 대화를 하고 싶다면 엄마 생각을 말하세요.

'엄마 생각에는 ~~ 했으면 좋겠는데, 정인이 생각이 어떤지 궁금해.'

'정인이가 ~~을 하네. 엄마 생각에는 ~~하는 게 더 좋을 것

같은데.'

엄마가 열린 대화를 하기 위해서는 첫째, 아이의 의견을 먼저 듣고 둘째, 엄마는 생각하고 셋째, 그 후에 반응합니다.

"엄마가 네 이야기를 듣고 보니 이해가 되네. 어떻게 하면 오해도 풀고 네 마음도 전할 수 있을까?"

엄마가 상황을 먼저 듣고 아이에게 말한다면 아이는 안심되고 고마워할 것입니다.

"네가 무엇을 고민하는지 알겠어. 엄마 생각에는 혼자 고민하는 것보다 친구에게 정인이의 마음을 말하는 것이 좋을 것 같아."

대안을 말해주면 힘이 되고 아이는 용기를 갖습니다. 엄마가 아이의 말에 진지하게 공감하고 반응한다면 아이는 자신이 존중받는다고 느낍니다. 그런데 엄마가 겉으로는 아이의 의견을 듣는 척하면서 가시가 있는 말로 아이를 다그치고 두렵게 만들기도 합니다. 그러지 말고 열린 마음으로 아이의 말을 귀담아듣고 정중하게 말을 건네보세요. 아이의 마음이 열리게 되며 자유롭게 소통할 수 있답니다.

4. 개방식으로 소통하세요

"오늘은 어떤 수업을 했니?" 단답형 대화에서 벗어나고 싶을 때

"저는 아이와 이야기를 많이 하는 편인데 요즘 아이와 대화가 잘 안 돼요. 벌써 사춘기가 왔나 봐요."

이럴 땐 엄마의 대화를 점검해 봐야 해요. 엄마는 아이에게 관심도 많고 궁금한 것도 많습니다. 엄마는 어려움을 겪는 아이를 돕고 싶어 해요. 그런데 그 마음이 아이에게 전달되지 않습니다.

"학교 잘 갔다 왔니? 밥은 맛있었어? 선생님 말씀은 잘 듣고? 친구와 안 싸웠니? 어디 아픈 데는 없어?"

이것은 대화가 아닌 묻고 답하는 문답입니다. 똑같은 말이라도 어떻게 묻느냐에 따라 객관식, 주관식, 서술식이 나뉘듯이 엄마의 질문에 따라 아이의 답은 달라집니다. 활발하고 적극적인 정인이는 어릴 때부터 큰 걱정이 없었습니다. 그런데 둘째 승현이는 말이 없고 내성적인 성격이라 늘 신경이 쓰였습니다. 승현이를 보면 엄마가 잘 해주지 못해서 그런가 싶어 자꾸 저 자신을 반성하게 되었습니다. 부족한 엄마 탓 같아서 자꾸 승현이에게 묻고 확인하며 겉으로는 최대한 티가 안 나게 애썼습니다. 그런데 바쁘면 저도 모르게 아이를 다그칩니다.

"승현아, 학교에서 무슨 일 없었어?"

"응."

"오늘 밥 맛있게 다 먹었어?"

"응."

"친구들과는 안 싸웠고? 혹시 학교에서 무슨 일은 없었니?"

"응."

어휴, 답답해. 뭘 물어도 '응'이라고만 하니 답답해 미칠 지경입니다. 정인이는 자기가 알아서 '엄마 있잖아' 하며 그날 있었던 일을 종알종알 말하는데 승현이는 늘 단답형이었습니다. 그래서 저는 제가 말을 먼저 꺼냈습니다.

"승현아, 엄마 오늘 꽃 심었는데 흙에서 거름 냄새가 나서 코 막고 열심히 심었다. 꽃이 예뻐서 우리 아들 방에도 하나 갖다 놓았지. 승현이는 학교에서 오늘 어떤 일이 있었을까?"

엄마가 술술 말하니 아이도 학교에서 일들을 기억해 냅니다. 엄마의 이야기를 먼저 하고 아이가 말을 하도록 하는 것은 역시 효과적입니다.

오늘은 밖에서 열심히 놀다 땀 흘리고 들어오는 아이를 보고 점검하듯이 말을 건넵니다.

"승현아, 뭐 하고 왔어?"

"축구."

"누구랑?"

"친구들하고."

"근데 왜 그렇게 지쳐 보여?"

"축구해서."

이것은 단순한 정보를 얻기 위한 것이지 큰 의미는 없습니다. 아이를 질책하기 위한 것인지 밖에 다녀온 아이가 무엇을 했는지 궁금해서 묻는지 알 수 없습니다.

"땀을 뻘뻘 흘린 걸 보니 무척 재미있게 놀고 온 것 같네?"

"응, 친구들과 축구 경기해서 너무 재미있었어. 연장전까지 하고 왔거든."

"우와, 흥미진진한 경기였겠네."

"응, 시간 가는 줄도 모르고 했어. 연장전 해도 안 끝나서 무승부로 끝났어. 다음에 그 팀과 또 하기로 했어."

엄마가 질문에 대해 스스로 생각해 볼 수 있게 하고 다양한 대답을 유도하는 개방식 질문으로 말하면 아이는 재미있었던 축구 경기에 대해 자연스럽게 이야기합니다. 설령 다 말하지 않더라도 '엄마는 나에게 관심이 많고 궁금해하는구나'라고 긍정적으로 생각하게 되죠.

학교에서 다녀온 아이에게 “이제 오니?” 하면 “예”라고 단답형으로만 대답합니다.

질문을 바꿔보면 어떨까요?

“오늘 좋아하는 체육시간에 어떤 수업을 했니?”

엄마는 초등학생이 된 아이와 대화의 기술이 필요합니다. 엄마와 아이 사이에 목적 없는 대화를 하거나 당연한 사실만 확인하는 것은 대화가 아닌 점검입니다.

단답식 대화를 많이 하는 아이는 폭넓은 생각을 할 수 없습니다. 아이가 가진 생각과 정보는 엄마가 생각하는 것과 상당히 다릅니다. 이런 아이를 답답하게 생각하는 엄마는 아이에게 주입식으로 대화를 강요합니다. 그런데 주입식 대화에 익숙한 아이는 다른 사람의 말을 듣지 않고 자신의 말만 줄줄이 나열합니다. 가장 대화하고 싶지 않은 상대 중 하나가 자기 생각만 나열하는 사람입니다. 거기에 대화 도중에 다른 사람의 이야기를 가로채 자신의 생각을 말하기도 하고 지금 주제와 상관없는 다른 이야기를 끄집어 상대방을 불쾌하게 합니다.

아이가 말을 잘하고 자기표현을 잘한다는 것은 감정표현을 잘하는 것을 의미합니다. 아이들은 대화 속에서 자신의 감정을 표현합니다. 친구와 오해가 있거나 선생님께 야단맞아 창피할 때 아이는 속상한 마음을 갖게 되는데, 이 속상한 감정이 해소되지 않으면 성격으로 고착되기도 합니다. 어떤 아이는 공격적으로 표현하고 혼자 우울해합니다. 그러니 아이가 자기표현을 잘 하게 하려면 아이의 감정을 풀어줘야 합니다. 아이가 화를 내거나 무서워하거나 우울해하면 그 이유를 묻고 해결해 주는 것이 좋아요. 그러면 아이는 엄마에게 자신의 감정을 솔직히 말하고 안정을 찾아 자신을 표현할 것입니다.

아이가 어떤 감정을 표현해도 엄마가 공감해 준다면 아이는 자기의 감정을 자주 드러내고 많은 말을 하게 됩니다. 가끔은 나쁜 감정을 말해도 그럴 수 있다고 말해주세요. 그런 감성을 느끼면서 아이는 성장하고 있으니까요.

요즘 토론현장을 보면 상대방의 이야기는 듣지도 않고 자신이 원하는 대답이 나올 때까지 유도하는 사례를 자주 봅니다.

엄마가 아이의 학교생활을 궁금해하는 것은 너무나 당연합니다. 그리고 아이가 갈등과 고민을 이야기하는 것도 매우 바람직합니다.

"오늘 학교에서 별일 없었니?"

"친구랑 싸웠어."

"또? 친구와 사이좋게 놀라고 했더니 싸우기나 하고, 왜 싸웠는데?"

'치…… 그럼 묻지를 말든지 도대체 나보고 어쩌라고?'

아이는 괜히 사실대로 말했다가 엄마에게 긴 설교만 듣습니다.

아이와 개방식 대화를 하고 싶다면 이렇게 해 보세요.

첫째, 개방식으로 열린 대화를 시도해요.

"점심 먹었어?" "점심 안 남겼어?" 대신 "오늘 점심에는 어떤 반찬이 나왔을까? 우리 승현이가 좋아하는 반찬이 나왔을까?"처럼 열린 질문을 하세요.

둘째, 엄마의 이야기로 먼저 말꼬를 터보세요.

"엄마는 오늘 점심에 새로운 오이 요리를 시도했는데 생각보다 맛있어. 요리에 자신감이 생기네."

엄마가 먼저 말꼬를 트면 아이는 "맛있었겠다. 나 오이 좋아하잖아, 엄마가 해주는 오이는 오이 같지 않아서 맛있어"라고 자연스럽게 대화가 됩니다.

셋째, 개방식으로 질문했다면 아이의 답변에도 감정이입을 하며 들으세요.

아이가 말할 때 엄마가 재미있게 들어주면 수다맨이 됩니다. 아이가 말할 때 추임새를 넣거나 미소를 짓고 가끔씩 눈물도 흘려주세요. 그러면 아이는 더 많은 이야기를 엄마에게 꺼내놓을 것입니다.

넷째, 아이가 말할 때 평가하지 않고 그냥 듣습니다.

'잘했네, 잘못했네, 그건 아니지, 또 그랬어, 잘한다. 잘해, 그게 잘한 거야'라는 평가는 꼭 시험 성적표 같아요. 이런 분위기에서 이야기하고 싶은 아이는 없을 것입니다.

사랑하는 아이와 더 많은 대화를 하고 싶다면 개방식 대화로 다가가 보세요. 아이와의 대화가 이전보다 더 편안해지고 가까워질 것입니다.

아이와의 개방식 대화는 생각보다 어려운 도전일 것입니다. 엄마 역시 아이였을 때 개방식 대화보다 단답형 대화로 성장했기에 나도 모르게 단답식 질문이 툭툭 튀어나올 것입니다. 그렇지만 엄마가 포기하지 않으면 아이는 절대 엄마를 포기하지 않습니다. 가끔 선생님이 학생을 포기해도 학생은 선생님을 포기하지 않는 것처럼 엄마는 어떤 일이 있어도 아이와 따뜻한 대화를 포기하지 말고 계속 도전해 보세요.

5. 응원해 주세요

"네가 팀을 위해 우승하고 싶구나." 이기고 싶은 마음을 알아줘야 할 때

승현이는 체격이 작지만 덩치 큰 아이와 씨름도 붙을 만큼 운동이면 뭐든지 좋아했습니다. 특히 축구를 너무 좋아해서 친구들과 축구하고 와서 TV로 축구 경기를 보고 컴퓨터로 축구 게임을 할 정도입니다.

승현이가 운동회 청팀 대표로 뽑힌 날이었습니다. 작년에는 다른 반 친구가 릴레이 대표가 되어 몹시 아쉬워했는데 이번에는 그토록 기다리던 청팀 대표가 되었습니다. 학교에서 돌아와 신발도 벗지 않고 엄마를 부르며 호들갑을 떱니다.

"엄마, 내가 얼마나 릴레이 대표가 되고 싶었는지 알지? 난 너무 신나, 꼭 잘 뛰어서 우리 팀이 이기게 할 거야, 나 진짜 잘하고 싶어."

아들은 흥분된 목소리로 기쁨을 감추지 못해 펄쩍펄쩍 뛰었습니다.

"우와! 아들 축하해. 엄마가 운동회 때 아들 달리기 시합 보러 갈게."

아들이 기뻐하니 저도 기뻐 운동회 날이 더 기대되었습니다. 운동회 전날 아들은 저녁을 먹은 후 자기 방에서 안절부절못하고 울상이 되었습니다.

"승현아, 왜 그래? 무슨 일 있어?"

"엄마, 나 내일 달리기 때문에 너무 걱정이 돼서 잠이 안 와."

"그래? 무슨 걱정인데?"

"혹시 내가 넘어지면 어떻게 해? 내가 빨리 달리지 못해서 우리 팀이 지면 어떻게 해? 내가 바통을 떨어트리면 어떻게 하지? 친구들이 나를 청팀 대표로 뽑아줬는데 내가 이기지 못하면 어떻게 하지?"

승현이는 친구들의 기대에 부응하지 못할까 봐 걱정하고 있었습니다. 그토록 원하던 대표가 되어 기뻤지만 막상 운동회 전날이 되니 혹시 이기지 못하면 어떡하나 하는 걱정뿐입니다. 저는 아들이 달리기 대표가 되어 기쁜 마음보다 걱정하고 잠 못 이루는 모습이 안쓰러웠습니다.

"승현아, 네가 경기 잘하고 싶어 잠을 못 자면 내일 진짜 실력을 발휘할 수 없을 것 같아."

"엄마, 나는 정말 잘하고 싶어. 그래서 우리 팀이 꼭 이겼으면 좋겠어."

아들은 자신을 대표로 뽑아준 친구들을 위해 내일 꼭 이기고 싶은 마음을 내비쳤습니다.

"아마 친구들도 승현이의 이런 마음을 알 거야, 정말 잘하고 싶은 마음, 그것이 경기에서는 가장 중요하거든. 엄마 생각에는 경기에 이기고 지는 것보다 더 중요한 것은 최선을 다하는 마음 같아."

제가 아들을 달래주니 아들은 진짜 걱정을 드러냈습니다.

"그런데 엄마, 내가 지면 친구들이 날 원망하지 않을까?"

"엄마는 달리기 대표를 한 번도 못 해봤지만 우리 팀 친구가 졌다 해도 원망한 적은 없어. 아마 친구들도 최선을 다해 달린 너를 응원할 거야."

"응, 엄마, 그럼 정말 다행이다!"

"그런데 승현아, 내일 이기려면 지금 자야겠는데. 그래야 너의 멋진 실력을 보여줄 수 있을 것 같아."

아이는 제 말에 안심이 되었는지 방에 들어가 바로 잠이 들었습니다. 그러나 저는 아들이 대표가 된 것에 저렇게 부담을 느끼면서도 이기고 싶은 마음이 간절하구나 싶어 걱정되어 잠을 이룰 수가 없었습니다.

문득 2004년 아름다운 스포츠 정신을 보여준 '레이 리마'의 경기가 떠올랐습니다. 아테네 올림픽 마라톤에서 한 몰지각한 관중이 결승선이 얼마 남지 않은 35km 지점에 뛰어들어 선두로 달리고 있던 리마를 인도 쪽으로 밀어붙였습니다. 리마 선수는 순간 넘어졌지만 곧바로 다시 일어나 42.195km를 완주하였습니다. 결과에 연연하지 않고 다시 일어난 리마 선수는 환한 미소로 결승선을 향해 달려왔습니다. 관중들은 그의 스포츠맨십에 깊은 감명을 받아 리마의 이름을 외치며 기립 박수를 보냈습니다. 동메달을 목에 건 리마는 1등에게 악수를 청했습니다. 경기에 참가한 선수뿐만 아니라 전 세계 사람들이 감동한 아름다운 장면이었습니다. 어려운 상황에서도 포기하지 않고 끝까지 완주한 그의 모습은 지금도 감동의 한 장면으로 남아 있습니다. 아들에게 리마의 이야기를 해주지는 않았지만 '아들, 스포츠는 이기고 지는 것보다 리마 선수처럼 주어진 상황에서 최선을 다하는 거야'라는 말을 꼭 하고 싶었습니다.

다음 날 운동회에서 릴레이 청팀 대표로 나서 두 주먹을 불끈 쥔 아들을 바라보았습니다. 그런데 왜 자꾸 눈물이 나던지요. 청팀 대표가 되어 아들과 함께 마음으로 뛰었습니다. '아들 파이팅! 최선을 다하려는 그 마음을 엄마는 응원해.' 저는 손을 흔들어 보였습니다. 이제 아들 차례가 다가오고 있습니다. 제가 릴레이 선수가 된 듯 떨리고 긴장되어 숨을 쉴 수가 없었습니다. 앞선 청팀 주자가 아들에게 바통을 넘겨주고 아들은 그걸 받아 열심히 달립니다. 아들의 모습은 반짝거리는 로켓처럼 근사했습니다. 그렇게 걱정하던 아들은 사라지고 바람처럼 빠르게 달리는 모습만 남아 있습니다. 두 팀 모두 최선을 다했지만 아들이 원하는 대로 청팀이 이기고 아들은 저에게 달려왔습니다.

"엄마, 나 잘했지? 내가 뛰는 거 봤지?"

아들은 올림픽에서 금메달을 딴 듯 기뻐했습니다.

"그럼, 엄마가 우리 아들 로켓처럼 빨리 달리는 거 다 봤지."

저도 아들에게 엄지 척을 해주며 이제야 안도를 했습니다.

아이들은 알지 못하는 것에 대해, 미래에 일어날 일에 대해, 잘하고 싶은 마음에 두려움을 느낍니다. 어른이 되어도 두려움은 다양한 모양으로 찾아옵니다.

이런 아이들의 두려움을 "괜찮아" "뭘 걱정해" "용감해져야지" "잘 될 거야"라고 대수롭지 않게 여기거나 과소평가하지 마세요. 아이들에게는 엄마가 생각하는 이상의 두려움으로 다가옵니다.

또 아이가 두려운 마음을 털어놓는다고 해서 너무 과잉보호를 하면 아이는 두려움이 생길 때마다 엄마에게 의지해 버립니다. 또 두려움을 없애려고 좋은 감정을 억지로 주입시키는 것도 좋지 않습니다. 그런다고 해서 두려움은 사라지지 않으니까요. 엄마 입장에서는 아이가 아주 사소한 일을 걱정하는 것 같지만 아이의 걱정과 두려움에 진심으로 귀 기울여주어야 합니다. 불안해하는 아이의 감정을 인정해 주고 아이가 하는 말에 공감하는 것만으로도 아이는 자기 마음을 엄마가 알아줬다고 생각합니다. 또 아이는 두려움을 느낄 뿐 이 감정에 어떻게 대처해야 할지 모릅니다. 두려운 상황을 제거해 줄 수는 없지만 선택권을 주어 스스로 해결하는 능력을 길러주어야 합니다.

캠프를 가기 전 걱정하는 아이에게 "캠프에 가게 되면 어떤 부분이 걱정되니?" "코를 골면 친구들이 놀릴까 봐 걱정되나 보네. 그럼 선생님께 의논드려 보면 어떨까?" "엄마와 떨어져 새로운 공간에서 자는 것이 걱정되면 좋아하는 친구와 같은 방을 배정받을 수 있는지 알아보는 건 어때?" 이렇게 다양한 방안을 제시해 주고 아이가 스스로 선택할 수 있게 합니다.

아이들은 이런 상황을 통해 두려운 상황에 대처하는 방법을 찾을 수 있을 것입니다.

경기에서 이기고 싶은 아이의 마음을 지지해 주고 응원해 주세요.

첫째, 불안해하는 아이의 마음을 알아주세요.

"네가 이기고 싶다고 이길 수 있어? 너 혼자 하는 것도 아니고 팀이 하는 건데, 승부가 네 마음대로 되냐고. 괜한 걱정하다 늦잠 자서 지각하지 말고 어서 자."

훈계와 설교로 경기에서 이기고 싶어 하는 아이의 마음을 못난이로 만들지 않도록 하세요. "우리 아들이 팀을 위해 열심히 하고 싶구나!" 이기고 싶은 아이의 마음을 격려해 주고 공감해 주세요.

둘째, 지금 이 순간 어떻게 하면 잘할 수 있는지를 말해주세요.

"아들, 지금 편안하게 자야 내일 잘 할 수 있을 것 같네" "아들, 반신욕하고 좋은 꿈꾸면 내일은 아이들이 원하는 멋진 경기 보여줄 수 있을 것 같은데"라고 대안을 말해줍니다.

"야! 그렇게 걱정하다간 내일 달리기 출발도 못하겠다. 그러니 어서 잠이나 자"라고 말하면 아들과 똑같은 수준의 엄마가 될 뿐 아무 도움도 되지 않습니다.

셋째, 최상의 컨디션이 되도록 환경을 마련해 주세요.

엄마가 옷, 신발, 음식, 일어나는 시간 등을 고려해 최상의 컨디션을 만들어 주는 것도 아이에게 큰 힘이 됩니다. 경기에 이기려면 마음과 몸의 컨디션 모두 챙겨야 하니까요.

그때 그 초등학생 아들은 이제 훌쩍 커버렸습니다. 친구들과 경기를 하고 나면 왜 이기지 못했는지, 어떤 부분을 더 열심히 해야 하는지를 고민하며 다음 경기를 준비합니다. 아이를 위한 진정한 응원은 잘하고 싶은 마음을 공감해 주고 격려해 주는 것입니다. 아이는 앞으로 수많은 경기를 만나게 될 것입니다. 최선을 다해도 때론 패하기도 하겠지만 최선을 다한 경기가 진정한 승리라는 것을 깨닫게 될 것입니다.

"우리 함께 금붕어를 잘 키워보자." 아이의 선택을 인정해 줘야 할 때

저는 아토피가 있는 아이들 옷은 속옷이며 양말까지 매우 신경 써서 골랐습니다. 그런데 초등학교 4학년이 되자 정인이가 처음으로 옷을 직접 사겠다고 말했습니다.

"엄마, 나 내일 친구들하고 시내에 옷 사러 가면 안 돼?"

"엄마가 다 알아서 사주는데 안 되는 거 알아, 몰라?"

저는 아주 강하게 잘라서 말했습니다. 정인이의 스스로 옷 사기 계획은 무너지고 입이 코보다 더 튀어나와 삐죽거렸습니다.

"친구들은 자기 옷 자기가 산단 말이야. 나도 친구들처럼 하고 싶어."

"엄마가 신경 써서 사주는데 그게 왜 싫어? 네가 옷 사면 몇 번 입고 불편해서 안 입는다고 할 거면서."

"그래도 나는 엄마가 사주는 것보다 친구들처럼 스스로 옷 사고 싶단 말이야."

한편으로는 아이의 마음이 이해됐지만 저도 절대 질 수 없다는 듯이 설득했어요.

"그게 뭐가 좋아? 엄마가 다 너 생각해서 사주니까 고맙다고 하지는 못할망정."

"엄마만 좋으면 다야? 그럼 엄마가 내 옷 입고 다녀."

결국 정인이는 말도 안 되는 소리를 하며 짜증을 냈습니다. 저도 질 수만은 없습니다.

"아무리 그래도 안 되는 거 알지? 피부도 민감한데 옷은 절대 안 돼."

초등학생 정인이의 옷 사건은 결국 이렇게 종결되었습니다. 정인이는 나름 용감한 반항을 했고 저도 질 수는 없다는 각오로 강하게 밀어붙였지만 마음은 한없이 흔들렸습니다. 저 역시 지금 제가 새장 속에 아이를 가두며 이게 너를 위한 것이라고 말하는 건 아닌지 고민되었어요. '자율성과 자발성을 강조한 내가 지금 아이에게 이렇게 강요해도 되나? 친구들과 공통점을 찾지 못하고 고민하는 아이에게 내가 하는 방법이 맞나?' 하는 생각이 들었습니다.

스스로 옷을 골라본 아이만이 자기 스타일을 알게 되고 선택과 시행착오를 거치며 자기 기준을 찾을 수 있을 것입니다. 그때의 저는 과잉보호로 아이를 도로에 노출시키지 않는 엄마 같았어요. 위험하니까 인도조차 걷지 못하게 하며 늘 목적지까지 데려다주고 있었습니다. 아이를 정말 위한다면 걷지 못하게 할 것이 아니라 인도에서 안전하게 대처하는 방법을 알려줘야 했는데 말입니다.

그 후 저는 정인이와 쇼핑도 하고 정인이 스스로 옷도 골라보게 했습니다. 그런데 정인이가 자꾸 제 눈치를 보면서 결정을 하지 못하더군요.

"엄마, 나는 이게 좋은데 어때? 괜찮아? 별로인가?"

그럴 만도 한 것이 저는 늘 정인이에게 제한적 선택을 하게 했습니다.

"정인아, 둘 중 어느 것 할래? 어느 것이 맘에 들어?"

아이에게 늘 제한적 선택을 하게 했으니 엄마에게 허락받고 검증받아야 마음이 편했을 거예요. 처음에 저는 제한적 선택을 거친 후 아이의 선택권을 점점 늘려 주었습니다. 아이가 처음부터 스스로 옷을 선택하는 것이 힘들다면 학용품부터 결정하도록 하세요. 부담되는 옷부터 시작하지 말고 학용품, 양말, 소품, 자기 방의 물건을 먼저 선택하도록 한다면 아이도 훨씬 즐겁게 선택할 것입니다.

어린아이는 자기중심적이어서 아직 선택에 서투릅니다. 4세 때 승현이는 여자 친구 생일선물로 총을 사겠다고 고집을 부렸어요.

"승현아, 현지는 예쁜 공주 친구라서 총은 안 좋아해. 총은 승현이처럼 용감한 남자 친구들이 좋아하는 장난감이야."

"아니야! 이 총 정말 멋진 거야. 그래서 현지 사줄 거야."

제가 아무리 말을 해도 승현이는 총을 부여잡고 놓지 않았습니다. 할 수 없이 승현이가 고른 총과 알록달록 크레파스를 함께 선물했습니다. 당시 승현이는 자기중심적인 사고로 내가 좋아하는 것을 다른 친구도 좋아한다고 생각했습니다. 그래서 현지에게 총을 선물하고 싶었을 것입니다. 아이들은 자기중심적인 선택의 시행착오를 겪으며 더 많은 것을 선택할 수 있습니다.

아이가 어릴 때는 "딸기 우유 마실래, 초코우유 마실래?"하는 식으로 제한된 선택권을 제시하면 잘 대답해요. 엄마가 원하는 적절한 상황에서 2가지 중에 선택하게 하는 것이 가능합니다. 이런 제한된 선택에 익숙해지면 아이로 하여금 권한을 갖게 할 수 있습니다. "네가 선택할 수 있어"라고 권한을 주면 아이는 스스로 선택하고 책임질 것입니다.

아이들 스스로 허용기준을 정한다면 선택의 폭도 넓어지고 자신이 존중받는다고 생각합니다. 이때 스스로 허용범위를 정하는 과정에서 대화를 통해 소통기술도 향상되고 상호존중을 배우게 됩니다.

아이들은 자기 스스로 생각하고 결정했을 때 스스로를 책임지고 있다고 느낍니다. 만일 아이가 스스로 책임지기를 원한다면 선택권을 주세요. 엄마가 아이의 선택을 통제하고 아이가 선택한 것이 마음에 들지 않아 바꾸려고 한다면 아이는 더 이상 선택하지 않을 것입니다. 아이들은 선택을 통해서 스스로 배우고 가끔은 더 괜찮은 선택이 있다는 것도 배우고 다른 선택을 시도해 볼 것입니다.

아이 스스로 선택하게 하려면 용돈을 주는 방법도 있습니다. 아이는 용돈으로 사고 싶은 것을 살 것입니다. 아이가 용돈으로 비싼 연예인 상품이나 쓸모없는 물건을 사왔다면 엄마는 뭐라고 할까요?

"이렇게 쓸데없는 걸 왜 사왔어? 금방 싫증 낼 거면서."

이렇게 일어나지도 않은 일에 미리 부정적으로 반응할 필요는 없습니다.

"내 용돈으로 산 거란 말이야. 쓸데없는 거 아니야."

"저번에도 그래놓고 별로 쓰지도 않았잖아. 네 용돈이라고 네 마음대로 써도 돼?"

엄마의 말에 아이는 할 말이 없습니다. 엄마 마음에 드는 선택을 해야만 할 것 같습니다.

아이가 용돈으로 스스로 무엇을 사온 경우 이렇게 해주길 권합니다.

첫째, 용돈을 모은 아이를 칭찬해 주세요.

엄마가 칭찬해 준다면 아이는 용돈을 아껴 쓰고 용돈을 모으는 습관을 가지게 될 것입니다.

둘째, 용돈으로 자신이 선택한 것을 인정해 주세요.

"정인이가 용돈을 모아 게임을 샀구나."

아이가 자신의 용돈으로 산 것에 대해서는 부정적으로 평가하지 마세요.

셋째, 아이가 선택한 것에 대한 책임도 이야기해 주세요.

식물, 물고기, 햄스터라면 엄마가 조금 번거롭더라도 잘 키울 수 있도록 가르쳐 줘야 합니다. 처음부터 잘 키우기는 힘들거든요. 아이가 선택한 것을 잘 돌보아야 할 책임에 대해서 이야기해 줍니다. "정인이가 용돈을 모아 빨간 금붕어를 사왔구나, 우리 금붕어 잘 키워 보자." 이렇게 아이의 선택에 책임지는 방법을 알려 줘야 합니다.

정인이가 키운 물고기는 한 달도 못 가서 죽고 말았습니다. 정인이는 매일 정성 들여 물고기를 키우는 것이 자기와 맞지 않다고 생각했는지 물고기나 식물보다는 다른 것에 관심을 보이기 시작했습니다. 그 후 선택 앞에 조금 더 신중합니다. 그러니 엄마가 처음부터 아이의 결정에 부담을 주거나 야단을 치지 않도록 하세요.

"너는 네 방도 잘 안 치우면서 무슨 물고기를 키운다고 그래?"

"좋다고 사 놓고 나 몰라라 하면 안 돼. 잘 키울 수 있지?"

엄마의 이런 말에 아이는 자존감이 낮아지고 매 순간 선택의 기회에서 '혹시 잘못해서 괜히 야단맞으면 어쩌지?' 하고 고민할 것입니다.

아이는 자신의 선택과 행동을 통해 배울 수 있습니다. 예를 들어 "게임을 하는 것은 괜찮지만 가족 모임 전에는 게임을 마무리해야 해"라고 허용범위를 정해주세요. 또 초등학생에게 허용되는 건전한 게임만 해야 한다는 것도 알려주세요. 가끔은 아이가 자신의 선택 때문에 피해를 보기도 하지만 그때 엄마가 안타까워할 필요는 없습니다. 혹시 아이가 불편함을 경험할 기회마저 빼앗는 건 아닌지 생각해 보세요. 아이는 자신이 결정에 대해 책임지고 결과를 받아들이며 성장하는 법을 배워야 합니다.

엄마는 아이가 원할 때 단계적인 자기결정을 할 수 있도록 기회를 주어야 합니다. 엄마도 아메리카노를 마실까 라떼를 마실까 하는 사사로운 결정부터 때로는 아주 큰 결정까지 마주하잖아요. 엄마가 보기에는 너무 쉬운 결정 같을 수도 있고 아이가 아무 생각 없이 결정하는 것처럼 보일 수도 있지만 이런 수많은 선택을 통해 아이는 스스로를 믿고 결정하고 책임지게 됩니다. 아이가 지금 무언가를 선택하려고 할 때 아이의 선택을 지지해 주세요.

엄마가 보기에 아이의 선택이 최고의 선택처럼 보이지 않을 수도 있습니다. 그러나 누구든 늘 최고의 선택만 할 수는 없는 법이죠. 그러니 아이의 선택을 잘못으로 판단하기보다 아이를 믿고 격려해 주세요.

7. 익숙해질 때까지 도와주세요

"엄마랑 같이 빨래 널래?" 근면성을 키워주고 싶을 때

아이를 진정 사랑한다면 엄마가 집안일을 도맡지 말고 작은 일이라도 자신의 몫을 스스로 할 수 있도록 기회를 주어야 합니다.

"정인이는 우리 가족을 위해 어떤 것을 하면 좋을까? 신발 정리, 수건 널기, 수저 놓고 식탁 닦기 중에서 정인이가 매일 할 수 있는 것 하나 고르면 좋겠는데 어느 것을 하고 싶어?"

"엄마는 자꾸 깜박해서 물고기 밥 주는 것을 잊어버려. 승현이가 매일 물고기 밥 주는 것 도와줄 수 있니?"

엄마가 도움을 요청하거나 집안일을 참여하게 하면 아이에게 2가지 효과가 있습니다. 하나는 내가 가족을 위해 무언가를 한다는 자긍심을 갖게 되는 것이고 나머지 하나는 집안일을 하는 엄마의 수고로움을 이해하는 것입니다.

아이는 '물고기 사주면 잘 키우겠다'고 철석같이 약속해 놓고 막상 물고기를 사고 나면 며칠 지나지 않아 나 몰라라 합니다.

"승현아, 물고기 밥 주는 일은 했다가 안 했다가 할 수는 없어. 매일 할 수 있는지 잘 생각하고 결정해야 해."

엄마가 의견을 묻고 스스로 결정할 때 아이는 신중합니다. 강아지를 키우고 싶다고 매일 조르다가 강아지를 키우게 되면 언제 그랬냐는 듯이 강아지 돌보는 일은 엄마가 다 해야 합니다. 아이는 엄마와의 약속은 영영 잊어버린 듯해요. 엄마는 물고기와 강아지를 매일 돌보고 관리하는 것이 만만치 않습니다. 아이들은 엄마를 도와 매일 잘 하겠다고 약속했지만 이내 잊어버려요. 그럴 때 엄마는 때는 이때다 하고 아이를 몰아붙입니다.

"너 엄마와 약속했어, 안 했어? 네가 강아지 잘 돌본다고 해놓고 이럴 거야?"

"일부러 깜박한 것도 아닌데 나한테만 뭐라고 해. 차라리 처음부터 안 한다고 할걸 그랬어."

"약속했으면 지켜야지. 엄마가 강아지 키우는 사람이야?"

"누가 그렇대? 내가 일부러 잊어버린 것도 아닌데."

엄마에게 혼나고 나면 아이는 더 이상 열심히 하고 싶지 않습니다. 아이들은 처음에는 집안일에 재미를 붙이다가 나중에는 귀찮아집니다. 자기 마음대로 하는 아이에게 엄마는 폭풍 잔소리와 비난을 쏟습니다. 아이가 익숙해질 때까지 엄마가 도와줘야 해요. 아이들은 엄마와 함께하는 집안일을 정말 좋아하잖아요. 저도 어릴 때 엄마와 함께하는 것은 뭐든 재미있었습니다. 아이와 함께하는 집안일은 효율성은 떨어지지만 적극 추천합니다.

"정인아, 엄마랑 같이 빨래 널래?"

"응, 내가 엄마 도와줄게."

"정인아, 엄마와 강아지 산책 함께 갈래?"

"응, 오늘은 공원 쪽 말고 다른 쪽으로 가보자."

아이는 엄마와 함께하는 일에 적극적으로 동참하게 돼요. 집안일은 아이와 함께할 수 있는 것이 많습니다. 엄마도 좋아하는 사람과 함께 일할 때 신나듯이 아이는 엄마와 함께하는 일이 놀이라고 생각해요. 승현이는 할머니와 함께 집안일을 재미 삼아 했습니다. 할머니가 시장 갈 때도 따라가고 쓰레기 버릴 때도 같이 가고 화초에 물도 주고…… 그래서인지 지금도 저를 잘 도와주고 화초 기르기, 물고기 키우기, 강아지 산책시키기를 미루지 않고 열심히 합니다.

강아지를 키우는 사람들은 '애 하나 키우는 것과 같다'고 말합니다. 그래서 강아지를 입양할 때 주변에 키우는 사람들에게도 물어보고 신중하게 결정했습니다. 그 결정을 내릴 때도 아이들과 같이 고민했기에 강아지 산책과 돌보는 일을 아이와 함께합니다.

"승현이는 초롱이 산책도 시키고 같이 놀아주네?"

"엄마, 초롱이는 하루 종일 혼자 있잖아. 그러니 내가 놀아주고 산책도 가 줘야지."

자신이 맡은 일에 책임지는 것을 보면 한없이 기특합니다. 예전에 저 같으면 이렇게 말하지 않았을 것입니다.

"엄마, 나 초롱이 산책시키려고 빨리 뛰어왔어."

"엄마가 산책시킬 테니 너는 네가 할 일이나 해."

엄마가 말하는 '네가 할 일'은 당연히 공부지만 저는 공부만 잘하는 아이보다 자기가 맡은 일을 성실히 하는 아이가 더 멋지게 성장할 것이라고 믿습니다. 저는 자기가 맡은 일을 성실히 하는 아들을 늘 격려해 줍니다.

"승현이가 산책시켜줘서 초롱이는 정말 행복하겠다."

"산책시키는 일 계속하기 힘들면 엄마에게 이야기해 줘."

아이가 공부를 잘하면 엄마는 '우리 아들 훌륭해' 하고 칭찬합니다. 강아지를 산책시켜 주는 일도 공부 잘하는 것처럼 훌륭한 일입니다. 그것을 엄마가 알아주고 격려해 준다면 아이는 자신의 맡은 몫을 성실히 해낼 것입니다.

"아들, 초롱이 산책 미루지 않고 지켜줘서 고마워."

승현이는 어깨를 쫙 펴고 신이 나 초롱이와 산책 가서 있었던 이야기를 마구 쏟아냅니다. 그런데 엄마가 쓸데없는 짓 한다고 야단치면 아이의 자존감은 상처받게 됩니다.

"그런 쓸데없는 데 신경 쓰지 말고 공부나 해. 너는 뭐가 부족해서 공부를 안 하는데?"

아이도 누구보다 공부를 잘해서 엄마를 기쁘게 해주고 싶을 것입니다. 그런데 마음 같지 않은 것이 공부지요. 엄마에게는 공부 외에 다른 건 중요하지 않으니 다른 것을 열심히 해도 아무 소용없습니다. 엄마가 아이를 공부를 잘해야만 가치 있는 존재처럼 대하면 아이는 공부를 잘하지 못하는 자신이 미워질 것입니다.

엄마가 생각하는 책임감은 글로벌 리더가 되는 핵심요소입니다. 하지만 아이에게 책임감은 그저 자신의 몫을 열심히 하는 것입니다. 즐거움과 보람을 느껴야 지속적으로 책임감을 가질 수 있습니다. 초등학생 때 책임감은 칭찬과 격려를 통해서 형성됩니다. 아이들도 방 청소를 깨끗이 해야 한다는 것을 알지만 머리로만 안다고 자동으로 하지 않습니다. 아이들은 칭찬과 격려를 통해 습관이 형성됩니다. 엄마가 긍정적으로 자신을 바라보면 더 열심히 하려고 다짐해요. 그것이 강화입니다. 그런데 엄마는 "우리 아들 공부하는 모습이 멋지네" "우리 아들 동생과 잘 놀아주네"라고 엄마가 원하는 행동을 할 때만 칭찬합니다.

엄마가 원하는 모습을 칭찬하기보다 아이가 즐거워하는 일에 긍정적인 반응을 보여주세요. 아이들은 엄마가 자신에 대해 긍정적인 기대감을 가지고 있을 때 책임감이 생깁니다. 내가 좋아서 강아지 산책을 시켰는데 엄마가 칭찬과 격려를 해준다면 아이는 책임감을 가지고 앞으로 강아지 산책을 잘 시키겠죠. 그런데 아이가 자신의 몫을 스스로 했을 때 결과가 꼭 좋은 것만은 아닙니다. 그 결과를 아이 탓으로 돌리게 되면 아이는 책임감보다 부정적인 결과만 배우게 되고 스스로 책임지기를 망설일 것입니다. 엄마가 아이에게 책임감을 부여해 주고 싶어 일을 시킬 경우 구체적으로 이야기해 주세요. 아이들은 '알아서'라는 말을 이해하기 어렵습니다. "화분에 물 좀 줘"라고 말한다면 눈에 보이는 화분에만 물을 줄지도 모릅니다. "너는 현관에 있는 화분은 안 보이니? 엄마가 꼭 일일이 다 말해야 하니?"라고 말한다면 아이는 억울할 것입니다. 괜히 화분에 물 주고 엄마한테 혼만 났다고 생각할 테니 아이에게 명확하게 지시해야 해요. 또 결과에 대한 평가가 아이에게 부담을 줄 수도 있습니다. 잘했네, 못했네 하는 평가 대신 "매일 잊지 않고 화분에 물을 주어서 고마워" "매일 숙제를 잊지 않고 해줘서 고마워"라고 과정을 이야기해 주어야 아이가 부담 없이 책임감을 형성해요.

아이가 자기 일을 스스로 책임감 있게 하길 원하면 이렇게 말해보세요.

"쓸데없는 짓 하지 말고 공부나 해" "이런 것 신경 쓰지 말고 어서 들어가서 공부나 해" 대신 "강아지 밥을 잊지 않고 줘서 고마워" "물고기를 잘 돌봐줘서 고마워"라고 이야기해 주세요.

가족 구성원으로 자신의 몫을 성실히 하고 가족을 위해 작은 일이라도 꾸준히 하는 모습을 인정해 준다면 아이는 자신이 인정받고 있다는 생각에 행복할 것입니다. 엄마는 아이의 작은 노력도 인정해 주고 격려해 주는 사람이지 공부나 하라고 야단치는 사람은 아니잖아요. 현대사회는 가족 구성원의 가족 응집성이 점점 약해져 타인처럼 살기도 하고 나에게 이익이 되는지를 먼저 생각하는 이해타산을 따집니다. 가족 응집력이 약해지는 요즘, 가족을 위해 자신의 몫을 스스로 하는 가족애는 공부 잘하는 것보다 더 중요한 일이라는 것을 잊지 마세요.

8. 문제만 보세요

"오늘 버스를 놓쳐서 당황했지?" 아이의 문제를 해결해 주고 싶을 때

엄마들은 가끔 '아이 때문에 못 살겠다'라는 말을 합니다. 아이 때문이 아니고 아이의 문제 때문에 못 살겠다는 말입니다. 하지만 문제가 생겼을 때 엄마가 해결하는 모습을 보이면 아이도 자신의 문제를 해결할 수 있습니다.

진혁이 엄마와 이야기를 하고 있는데 초등학교 3학년 진혁이에게 전화가 왔습니다.

"엄마, 학원 차가 안 와."

"학원 차가 안 온다고? 언제부터 기다렸는데?"

"어제와 똑같은 시간에 나와서 기다리는데 아직 안 와."

"그런데 왜 안 와?"

진혁이 엄마가 학원에 전화해 보니 진혁이가 나와 있지 않아

학원 차가 다음 학생을 위해 출발했다고 합니다. 엄마는 진혁이에게 폭발합니다.

"네가 늦게 나왔다면서? 엄마가 미리 나가 있으라고 했어, 안 했어? 맨날 가는 학원인데 그 시간을 못 맞춰? 엄마 지금 밖인데 그럼 너 어떻게 갈 거야? 너 어떻게 갈 거냐고?"

엄마가 이렇게 쏟아부으면 진혁이는 할 말이 없습니다. 순간 학원 가기 싫어 늦게 나온 거짓말쟁이가 되었습니다. 학원을 가긴 가야 하는데 머리가 하얗고 엄마에게는 뭐라고 말해야 하나 생각이 나지 않습니다. 진혁이 엄마는 결국 택시를 불러 진혁이를 학원에 보냈습니다.

"선생님, 우리 진혁이가 왜 그런지 모르겠어요. 다른 애들은 안 그러죠? 오늘 학원 안 보내려다가 버릇될까 봐 보내요."

엄마에게 혼이 난 진혁이는 학원에 가서도 수업이 귀에 들어오지 않겠죠. 이런 상황은 다른 아이들에게도 종종 일어납니다. 진혁이가 잘한 것은 아니지만 그렇다고 이렇게 비난받을 이유도 없습니다.

"너는 도대체 몇 번째야! 왜 그래? 일부러 학원 가기 싫어서 그런 거지?"

엄마가 비난하면서 야단쳐도 진혁이에게 아무런 도움이 되지 않습니다.

"엄마는 왜 나만 가지고 그래? 저번에 엄마도 늦어서 기차 놓쳐놓고서."

아이는 반성은커녕 엄마의 실수를 꺼냅니다.

그렇다면 엄마가 학원 차에 관한 문제만 보면 어떨까요?

"학원에 알아보니 학원 차가 지나갔네. 그런데 엄마는 지금 갈 수가 없는데 오늘은 택시 타고 가야겠다."

현재 상황을 말한 후 학원에서 돌아온 아이와 이야기를 나누어 보세요.

"오늘 학원 버스 놓쳐서 당황하고 학원 수업도 늦었지?"

"난 시간 맞게 나갔다고 생각했는데 내일부터 조금 더 일찍 나가려고."

아이 스스로 해결책을 말합니다. 아이의 문제를 자꾸 비난하면 나중에는 아이까지 진짜 문제아가 됩니다.

유독 시간개념에 무딘 아이들이 있습니다. 이런 경우에는 습관이 되지 않도록 엄마가 도와줘야 하는데요. 아이들은 어른처럼 시간이 얼마나 흐르는지 감을 잡지 못합니다. 그래서 타이머를 사용하면 좋아요. 15분 동안 공부하기라는 목표를 정하면 15분 후에 울리는 시계를 통해 시간감각을 배우죠. 또 3시에 학원에 가야 한다면 2시 50분에 타이머가 울리게 하세요. 그런데 집에서 학원버스 타는 곳까지 10분 동안 갈 수 있는지 예측하지 않으면 어떤 날은 5분, 어떤 날은 10분이 걸립니다. 이것은 아이의 특징

이니 훈련을 통해 10분 안에 갈 수 있도록 감각을 키워주세요. 10분이라는 시간의 감을 잡는 것인데 매일 하다 보면 20분에 대한 감도 잡을 수 있어요.

아이들은 시간에 대해 관대합니다. 20분 걸리는 일은 5분에 할 수 있다고 하고 실제 시간을 계산해서 말하는 것이 아니라 일에 대한 감정으로 말하는 경향이 있습니다. 이때 엄마는 "네가 5분 만에 하겠다는 정리가 20분이 걸렸네" "네가 5분 만에 한다는 숙제가 10분이 걸렸구나"라고 말해주세요. 절대 잔소리를 하지 마세요. 그저 사실만 말해주면 됩니다.

시간감각이 둔한 아이는 매일 반복되는 일부터 시간 관리를 하도록 합니다. 매일 일어나는 일은 거의 시간이 비슷하기 때문에 예측이 가능해서 아이는 금세 익숙해질 수 있습니다. 또 여러 개를 한꺼번에 말하면 뒤엣것만 기억하고 앞엣것은 잊어버릴 수 있으니 짧게 이야기해 주세요. "정인아, 간식 먹고 뭐 해야 하는지 알지?"라고 말하기보다 "숙제할 시간이네"라고 말해주면 아이는 "아, 30분 동안 숙제해야지"라고 생각하고 행동으로 옮깁니다.

시간개념이 있다고 해도 자기가 좋아하는 놀이나 게임을 하는 경우에는 시간 가는 줄 모를 수 있습니다. 그러니 학원에 가야 하거나 약속 전에 아이가 좋아하는 놀이에 몰입해 있다면 엄마가 미리 챙겨줘야 합니다. 시간감각이 빠른 아이도 시간감각이 느린 아이도 있습니다. 아이에게 시간개념을 만들어주는 것은 엄마의 역할입니다.

문제가 생겼을 때 엄마가 가장 먼저 해야 할 일은 아이를 이해하는 것입니다. 예를 들어 아이가 학원버스를 자꾸 놓치는 것은 집에 있는 시계가 조금 늦어서일 수도 있고, 다른 일에 집중해서일 수도 있습니다. 또 아이의 방이 정리가 안 되는 건 복잡하고 어려운 방의 구조 때문일 수 있습니다. 신발을 자꾸 좌우로 바꿔 신는 것은 아직 좌우개념이 형성되지 않아서인 것처럼 문제가 아닌 경우도 있으니 엄마는 문제 상황에서 문제의 원인을 정확히 파악해야 합니다.

승현이는 초등학교 2학년 중간고사에서 거의 백지를 내고 온 적이 있습니다. 이유를 물어보니 시험 시간이 되면 배가 아파 시험을 볼 수 없었다고 하더군요. 장이 예민한 승현이는 긴장하면 화장실에 가고 싶어지는데, 시험 시간에는 화장실을 갈 수 없다는 주의사항을 듣고부터 시험 시간만 되면 배가 아파진다는 것입니다. 그래서 참고 참다 백지를 내고 얼른 화장실에 갔다고 합니다. 그래서 담임 선생님과 이 문제를 의논하고 집과 학교에서 도와줄 방법을 생각했습니다. 집에서는 전날 저녁과 당일 아침 부드러운 것을 먹여 위에 부담이 없도록 하였고 선생님께서는 승현이에게 시험 도중에 화장실에 가고 싶으면 선생님에게 말하라고 했습니다. 그랬더니 정말 신기하게도 다음 시험부터 백지를 내지 않았습니다.

"엄마, 시험 도중에도 화장실에 갈 수 있다고 생각하니 화장실에 안 가고 싶어졌어."

"그래, 그랬구나! 시험을 끝까지 칠 수 있어 다행이네."

저는 웃으며 아들을 쓰다듬어 주었습니다. 이 작은 녀석이 시험 도중에 실수를 하면 어쩌나 안절부절못하며 백지를 냈을 생각을 하니 마음이 아팠습니다.

"대체 왜 시험지를 백지를 내? 쉬는 시간에 화장실 가야지, 그때 화장실 안 가고 왜 시험 도중에 가고 싶어 해?"

엄마가 이렇게 윽박질렀다면 아이는 얼마나 많은 시간 동안 자신을 미워할까요? 아이에게 그렇게 하지 않은 저 자신을 칭찬한 날이었습니다.

정인이가 초등학교 4학년 때 결정에 대한 고민을 말했습니다.

"엄마, 난 결정 장애가 있나 봐. 뭔가를 결정할 때 자꾸 망설여지고 고민이 돼."

저는 정인이에게 결정 기회를 거의 주지 않았습니다. 뭐든지 '엄마가 알아서 다 해줄게'라고 했고 가끔은 정인이의 선택이 제 기준에 어긋나면 야단쳤죠. 아이에게 가장 좋은 것을 선택하게 하는 것이 아이를 위한 일이라고 생각했습니다. 저는 정인이에게 엄마의 솔직한 마음을 털어놓았습니다.

"정인아, 엄마도 뭔가를 결정할 때 고민을 하게 돼, 가끔 정인이와 같은 생각이 들어."

"진짜? 엄마도 그래? 그런데 엄마는 결정 못 하는 것을 어떻게 극복했어?"

"자주 결정하다 보니 조금 쉬워졌어. 그래도 여전히 결정할 때 망설여져."

"음, 그렇구나. 그럼 결정이 잘될 때도 있고 안 될 때도 있어?"

"특히 엄마에게 중요한 결정일 때 시간이 오래 걸려, 그래서 고민이 많이 된다는 것은 좋은 일이기도 해."

저는 정인이에게 결정에 대한 엄마의 가치관을 말해주었습니다. 이런 대화를 통해 아이도 엄마도 성장합니다.

저는 이제 아이에게 문제가 생길 때마다 문제만 바라봅니다. 아이가 문제라고 생각하면 아이와의 관계만 어긋나고 문제는 반복될 것입니다. 그런데 문제를 정면으로 바라보면 누구보다 이 문제를 풀고 싶어 하는 사람이 바로 아이라는 것을 알게 됩니다. 엄마가 아이의 문제를 함께 바라본다면 아이는 스스로 자신의 문제를 풀 수 있습니다.

9. 독립된 공간을 존중해 주세요

"똑똑, 잠깐 들어가도 될까?"
아이가 한 단계 더 성장할 때

제가 너무 사랑하는 야생화를 화분에 담아 집으로 가져왔습니다. 화원 사장님이 야생화는 아파트에서 키우기 어렵다고 하셨지만 눈꽃 같은 하얀 꽃송이가 너무 아름다워 욕심을 부렸습니다. 물을 너무 많이 주면 썩을까 싶어 물을 조금 주고 창문을 열어 바람과 햇볕을 쏘여주었습니다. 잘 자라는 것 같았는데 어느 날 시들시들 말라버렸습니다. 욕실로 끌고 가서 물을 듬뿍 주고 또 주었습니다. 그런데 또 시들시들합니다. 물을 너무 많이 주었는지 뿌리가 썩고 있습니다. 무거운 화분을 이리저리 끌고 다니며 가장 좋은 환경을 만들어 주려고 애썼지만 야생화가 죽고 나서야 저는 알게 되었습니다. 너무 큰 사랑도 너무 작은 사랑도 모두 성장하고 있는 야생화에게는 전달되지 않습니다.

"아이를 잘 키우고 싶은데 어떻게 하면 될까요?"

모든 엄마는 아이를 잘 키우고 싶어 합니다. 아이를 잘 키우기 위해 가장 중요한 것은 무엇일까요? 엄마가 행복한 것입니다. 아이는 엄마의 행복을 보며 스스로도 행복한 아이가 되거든요. 또 아이를 성장단계에 맞게 양육해야 합니다. 엄마 눈에는 항상 아기 같아 무엇이든 도와줘야 할 것 같지만 아이는 단계에 맞게 성장하고 있습니다. 엄마의 양육법도 아이의 성장단계에 맞게 변화해야 아이에게 도움이 됩니다. 아이는 한 단계 한 단계 계단으로 올라가는데 엄마가 승강기로 슝 하고 올라간다면 아이는 한 계단씩 올라가는 것을 경험하지 못할 것입니다. 아이가 3세면 엄마의 양육법도 3세에 맞게, 아이가 초등학생이면 엄마도 초등학생의 양육법으로, 사춘기가 되면 사춘기에 맞는 양육법으로 키워야 합니다. 아이는 단계별로 크고 있는데 엄마는 그대로 멈춰 있으면 안 됩니다.

"우리 아이는 왜 뭐든지 혼자 하려고 할까요? 잘하지도 못하면서 엄마에게 간섭하지 말라는 아이가 이해되지 않아요."

엄마가 보기에는 초등학생도 엄마가 뭐든 도와줘야 하는 5세 같습니다.

"다른 아이들은 다 스스로 하는데 우리 아이는 뭐든지 엄마한테 해달라고 해요. 엄마 껌딱지도 아니고 왜 이렇게 자립심이 부족한지, 저러다가 엄마 없으면 아무것도 못 할까 봐 걱정이에요."

엄마가 뭐든 다 해주면 정작 아이 스스로 무언가를 해야 할 때에도 스스로 하지 못하고 엄마에게 매달립니다. 이것은 아이 탓이 아니라 기회를 뺏은 엄마 탓입니다.

아이의 수면습관도 성장단계에 맞게 변화해야 합니다. 영유아 시기에는 엄마와 함께 자는 것이 정서적으로 가장 안정적입니다. 초등학교 저학년 때는 자신의 방이 있어도 꼭 자기 방에서 자야 하는 것은 아닙니다. 자신의 방과 안방을 날씨와 기분에 따라왔다 갔다 할 수도 있습니다. "너는 네 방이 있는데 왜 자꾸 엄마한테 오는데?"라고 면박을 주거나 걱정할 필요는 없습니다.

"이제 초등학생이 되었으니 무조건 네 방에서만 자야 해"라고 강압적인 약속을 받아내지 않아도 됩니다. 아이들은 초등학교 고학년이 되면 자신의 독립된 공간을 매우 소중하게 생각합니다. 이때는 당연히 혼자 자신의 방에서 자야 합니다. 아이는 단계적으로 성장하는데 엄마는 차근차근 단계를 밟지 못하고 5세 아이를 독립적으로 키운답시고 혼자 재우거나 다 큰 아이를 데리고 자기도 합니다.

아이의 몸과 마음이 준비가 되었을 때 아이에게 독립된 방을 제공해 주어야 합니다. 아이가 원해 자기의 방을 줄 때는 아이의 독립된 공간을 인정해 줘야 합니다. 독립된 공간을 주었으면서도 아이가 문 닫고 들어가 있는 꼴은 보기 싫으면 아이 방의 의미가 없습니다. 엄마가 아이 방에 들어갈 때는 방 주인에게 양해를 구하고 존중한다는 것을 보여주세요.

"똑똑, 엄마가 할 말이 있는데 잠깐 나올 수 있니?"

"똑똑, 아들, 엄마가 할 말 있는데 들어가도 될까?"

그럼 아이는 나의 공간을 존중하는 엄마에게 대답하겠죠.

"엄마, 잠시만. 내가 나갈게."

엄마에게 존중을 받은 아이는 다른 사람의 공간에 들어가 마음대로 물건을 만지지 않고 다른 사람의 공간을 존중할 줄 아는 사람으로 자랍니다. 어떤 아이들은 친구 사물함도 아무 생각 없이 열어보고 친구 물건도 자기 것처럼 사용합니다. 아이가 다른 사람의 공간을 인정하지 않는 것은 자신의 공간을 인정받아 본 적이 없기 때문입니다.

아이의 마음이 이랬다저랬다 하는 이유는 성장과정에서 수반되는 급격한 심리 변화와 신체적인 발달 때문입니다. 급격한 신체 변화가 어른이 되는 것 같아 좋기도 하고 갑작스러운 변화에 마음이 불안하기도 합니다. 정인이는 또래 아이보다 신체적 변화가 빨리 왔지만 저는 일이 바빠 세심하게 알아차리지 못했습니다. 저 역시 중학교 때 신체적, 심리적인 변화로 혼자 걱정하고 막연한 고민에 빠진 적이 있습니다. 친구들과 다른 신체 변화가 나 혼자만의 문제 같아 불안하여 베개를 끌어안고 깊은 고민에 빠졌습니다. 아이가 자신의 성장과정을 자연스럽게 받아들일 수 있게 하려면 엄마는 아이의 신체, 심리적 변화를 주의 깊게 지켜보고 세심하게 반응해 줘야 해요.

성교육도 엄마가 해야겠다고 생각한 때가 아니라 아이가 어느 날 묻게 되거나 필요한 상황이 생길 때 자연스럽게 하세요. 그런데 아이의 수준이 어디인지 몰라 어떻게 답변을 해야 할지 모를 때는 아이에게 "네가 궁금한 것이 이것이니?" 하고 '되묻기'를 하거나 아이가 묻는 것을 엄마가 모를 때는 엄마가 자세히 알아보고 대답해 준다고 말하면 됩니다.

"엄마, 남자와 여자는 왜 달라?" 하는 아이의 질문에 당황하지 않고 아이 수준을 먼저 파악해서 답해주는 되묻기 방식을 사용하세요.

"정인이는 왜 남자와 여자가 다르다고 생각해?"

"내가 생각하기에는 태어날 때부터 다르게 태어났어, 그래서 엄마랑 나는 같고 승현이는 아빠랑 같지 않을까?"

아이의 대답으로 수준을 파악하고 여기에 맞는 답변을 해 주면 됩니다.

"엄마, 남자애들은 왜 특이한 냄새가 나?"

"어떤 냄새가 특이한 냄새야?"

"땀 냄새 같기도 하고 여자 친구한테는 안 나는데 남자는 냄새가 나는 것 같아."

아이의 질문에 바로 대답할 수 없다면 어떻게 하면 좋을까요?

엄마도 모든 것을 다 아는 것은 아닙니다. 엄마는 책이나 인터넷, 선배 엄마들의 도움을 받아 아이가 궁금해하는 것을 아이의 수준에 맞게 말해주면 돼요.

아이를 한 인간으로 존중한다는 것, 그것은 성장단계에 맞게 아이를 대하는 것입니다. 아이들은 성장하면서 내 물건, 내 것, 내 공간을 중요하게 생각하고 한 인간으로서 인격적 존중을 받기 원합니다. 엄마가 아이 물건을 마음대로 옮기거나 버리는 것은 아이 일기장을 훔쳐보는 것과 같을 수도 있어요. 아이 방에 들어가 정리해 주고 싶은 엄마의 마음을 아이가 이해해 주길 바란다면 엄마가 먼저 아이를 한 인격체로 존중해 주어야 하겠죠. 아이는 지금 수많은 갈등과 고민 속에서 정신적으로 쑥쑥 자라고 있답니다. 지금 마음이 쑥쑥 자라고 있는 아이에게 인격적인 존중이 가장 우선입니다.

화분에 물을 줄 때 작은 화분, 중간 화분, 대형 화분에 모두 똑같이 물을 주면 작은 화분은 뿌리가 썩고 대형 화분은 시들어버립니다. 우리 아이들은 점점 커가는 화분과 같아요. 그런데 사랑한다고 물을 너무 많이 주면 썩어버립니다. 또 아직 엄마의 도움이 필요한데 '이제는 다 컸으니 스스로 알아서 해'라고 물을 주지 않으면 사랑에 목말라 늘 애정결핍을 느낍니다. 아이를 사랑한다면 성장단계에 맞는 양육법으로 아이를 지지해 주세요. 아이는 그 사랑을 먹고 쑥쑥 자랄 것입니다.

10. 너 때문이 아니라고 말해주세요

"싸우는 모습을 보여서 미안해." 아이 앞에서 부부싸움을 했을 때

저는 아버지와 엄마가 싸우는 날이면 도대체 어떻게 해야 할지 몰랐습니다. '어른들은 왜 싸우지? 저렇게 싸울 거면 결혼하지 말지 왜 결혼해서 싸우고 살까?' 저 때문에 싸우는 날이면 '나는 왜 태어나서 엄마와 아버지가 싸우게 할까? 내가 잘했으면 엄마가 저렇게 속상해하지 않았을 텐데'라며 저의 존재를 자책했습니다. 그런 날은 백구한테 갔습니다. 백구 집은 세탁기만 했거든요. 엄마가 아끼는 백구 집은 솜이불도 깔려 있어 아주 포근했습니다. 백구 집에서 저는 위로를 받았습니다. 제가 너무 말을 안 들을 때면 엄마는 백구가 너보다 백배 낫다고 말씀하셨어요. 엄마에게 이런 말을 들으면 나라는 사람이 아무 의미 없는 먼지 같았습니다. 제가 봐도 백구는 정말 자기 몫을 잘하는데 나는 뭘 잘해야 엄마가 기뻐할까 수없이 고민했던 기억이 납니다. 아버지와 엄마가 싸우시면 머리로는 이해되는데 이런 상황이 정말 괴로웠습니다. 그리고는 자꾸 '내가 더 잘해야 하는데, 엄마 안 힘들게 내가 잘 해야 하는데' 하는 생각이 들었어요.

아이에게 좋은 모습만 보여주고 싶은 것이 엄마 마음이지만 싸울 때는 감정이 앞서 서로를 비난하고, 하지 말아야 할 말을 해버리기도 합니다. 그런 후에 어떻게 해야 할지 몰라 힘들어하고 후회하죠. 또 한편으로는 남편이 다 잘못한 것 같아 한없이 미워지고 그런 남편을 도저히 용서할 수 없어집니다. '저 남자 저런 사람이었어?' 원망스러운 마음에 결국 남편 자체를 부정해 버리기도 해요. 하지만 결혼을 한다는 건 뜻대로 되지 않는 것을 받아들이는 것이고, 나와 상반된 성격을 가진 남자와 함께 산다는 의미입니다. 내 뜻대로 되지 않는 상황에서 엄마가 되었습니다. 뜻대로 되지 않는 인생 앞에서 엄마인 내가 나 자신을 위로하며 한 발씩 앞서가야 합니다.

저도 남편과 다툴 일이 많았습니다. 너무 다른 성격 때문에 싸우기도 하고 서로를 이해하지 못하고 잘잘못을 따졌습니다. 저는 싸우면 그 자리에서 해결해야 하는데 남편은 입을 꽉 닫고 그 상황을 피해버리네요. 그 상황이 태어나서 가장 힘든 고행이었습니다. 남편이 그 상황을 피하면 저는 더 화가 났고 '저 사람은 나와 대화할 생각이 없나 보다'라고 단정 지었습니다. 아이들 문제로 의견 다툼을 하다가 어느 날부터 다툼을 피하려고 남편에게 거짓말을 했죠. 그 거짓말이 들통이 나서 또 싸우게 되고, 저는 남편 탓만 했습니다. 만일 학원비가 20만 원이면 10만 원이라고 말하고 제가 몰래 보충했습니다. 아이 물건을 사고 싶은데 남편이 못 사게 하면 누가 줬다고 거짓말을 했으니…… 아이에게 엄마는 거짓말쟁이라는 사실을 스스로 증명한 셈입니다.

공부에 관심이 적은 승현이에게 조급한 마음이 들었고 학원을 보내려고 하면 승현이는 가기 싫어했습니다. 그럴 때마다 남편은 반대 의견을 말했고 저는 질 수 없다는 듯이 밀어붙이며 남편을 비난했습니다. 우린 왜 대화와 타협을 하지 않았을까요?

"정인이 엄마, 아니 애가 가기 싫다는 학원을 왜 보내? 이다음에 자기가 가고 싶다면 그때 보내지."

"싫다고 안 보내면 어떻게 해? 애가 가기 싫다고 하면 야단은 못 칠망정 왜 그래? 다른 애들은 학원 몇 군데도 잘만 다니는데."

제가 이렇게 말하면 남편도 질 수 없다는 듯이 저를 한심한 엄마라고 비난했습니다.

"그 애들은 그 애들이고 승현이는 승현이지 그러려면 다른 애들 키우지 뭐하려고 승현이를 키워서 애를 고생시켜?"

"그걸 지금 말이라고 해? 다 승현이 잘되라고 그러지. 저러다가 나중에 대학도 가기 싫다 하면 안 보낼 거야?"

"아니 왜 일어나지도 않은 일을 가지고 그래? 참, 엄마라는 사람이 한심하긴."

오늘도 누구에게도 도움이 되지 않는 싸움만 하게 되었습니다.

부부는 아이 문제로 의견 차이가 있을 수 있어요. 그렇지만 아이가 보는 앞에서 싸우는 것은 잘못입니다. 엄마 아빠가 싸우면 승현이는 어릴 때의 저처럼 자기 자신을 미워했을 것입니다. 저는 또래보다 뭐든 앞서는 정인이에게 욕심이 생겼습니다. 정인이는 이것저것 배우고 싶어 했고 그래서 학원도 정인이가 원하는 대로 모두 보내주었죠. 그랬더니 남편은 저를 또 못마땅해했습니다.

"초등학생이 우리 집에서 제일 바쁜 게 말이 돼? 애가 좀 놀아야지 학원을 몇 개나 다녀?"

"내가 억지로 시킨 게 아니라 정인이가 좋아서 보내달라고 한 거야."

"애가 좋다고 다 시키면 어떻게 해? 저렇게 학원 갔다 늦게 오고 피곤해서 되겠냐고? 그리고 영어학원은 왜 멀리까지 보내?"

"그럼 뭐 아무 데나 보내? 그 학원이 잘 가르친다고 해서 그런 거지."

"그래도 애가 학원버스 타고 왔다 갔다 하느라 피곤해서 어디 공부나 되겠어?"

"그럼 앞으로 애들 학원은 당신이 알아서 해. 나한테 맡기지 말고. 그냥 빈둥거리며 놀고 바보되면 되겠네."

결국 오늘도 싸움으로 끝났습니다. 왜 아이들 문제에서는 유독 타협과 의견 조율이 안 되는지 모르겠습니다. 부부마다 유난히 타협과 조율이 되지 않는 부분이 있습니다. 저희 부부는 아이들 학원 문제가 그렇습니다. 이렇게 타협이 되지 않는 문제는 계속 다툼이 되고 결국 저는 이 싸움에서 벗어나고 싶어 남편에게 더 이상 아이들 교육에 대해 신경 쓰지 말라고 엄포를 놓았습니다. 부모가 싸우는 모습을 보는 저 작은 아이의 마음은 어땠을까요? 엄마가 싸우는 모습을 보면서 얼마나 걱정하고 자신은 아무것도 할 수 없다는 생각에 얼마나 두려웠을까요? '이러다 엄마 아빠 헤어지는 거 아니야?' 하는 막연한 불안감에 얼마나 힘들었을까요? 싸우는 부모는 자신들의 문제라고 생각하지만 이 싸움의 주인공이 된 아이는 늘 두렵고 자기 때문에 엄마 아빠가 싸운다고 생각합니다.

아이들은 부모의 모습을 보고 자랍니다. 특히 부모가 갈등을 해결하는 모습을 습득합니다. 부모는 대화할 때 서로의 의견을 존중하고 갈등이 있다면 조율하는 과정을 보여줘야 합니다. 아이들은 이 과정을 통해 의견이 달라도 타협하고 갈등은 조율하는 것을 배워요. 이것이 잘 사는 방법 중에 하나겠죠. 또 아이들은 엄마 아빠가 의견이 다른 것이 나쁘다고 생각하지 않습니다. 엄마 아빠의 양육관과 교육관은 다를 수도 있고 다르다고 해서 아이가 혼란스러워하지 않습니다. 그렇지만 부모가 서로를 비난하는 모습을 볼 때 아이는 다름을 인정하지 않고 힘으로 밀어붙이는 것을 배웁니다. 아이들도 자신만의 판단 기준이 있습니다. 잔소리를 하지 않는 아빠가 좋지만 잔소리하는 엄마가 잘못된 것은 아님을 압니다. 아이도 무엇이 자기를 위해 더 도움이 되는지, 자신을 생각해 주는 사람이 누구인지 알고 있답니다.

아이들은 초등학생만 되어도 자신의 의견을 내세우면서 타인의 의견과 타협하고 절충할 수 있습니다. 그런데 이 과정을 부모가 보여주지 않으면 아이는 사회생활을 하는 과정에서 타협을 모릅니다. 그래서 교육관과 양육관이 다르다면 '더 나은 방법'을 고민해야 합니다. 이 과정에 아이도 참여시켜 주세요. 다르기 때문에 아이는 다양성을 배우게 됩니다.

부모가 아이들 문제로 의논할 때 긍정적이고 밝게 대화하세요. 아이들은 부모가 자신에 대해 이야기하는 것을 저 멀리서도 가슴에 담아둡니다.

"여보, 승현이 학원에 대해 더 좋은 방법을 의논하고 싶은데."
"우리 승현이가 단체생활은 잘 하지만 혹시 학원이 많아 힘들어하는 것 같은데 당신 생각은 어때?"라고 긍정적으로 말해야 합니다. 부부가 서로의 입장이 다를 수 있습니다. 대체로 아이의 안전에 대해서는 아빠가 좀 더 관대합니다. 아빠는 아이들은 놀다 보면 다칠 수도 있다고 생각하지만 엄마는 아이가 다치는 것을 더 염려하는 경향이 있습니다. 딸이 외모를 꾸미는 문제에 대해서는 엄마가 좀 더 관대합니다. 초등학생 딸이 화장을 한다면 엄마는 그럴 수도 있다고 생각하지만 아빠는 너무 이른 게 아닐지, 다른 사람이 딸을 이상하게 생각하지 않을지 걱정합니다. 또 약속 시간이나 정직에 대해서는 엄마 아빠의 의견이 대체로 일치하겠죠. 부부가 서로를 이해하고 다름을 인정할 때 아이들에게 좋은 본보기가 됩니다.

어떤 일은 시간이 지나면 해결이 되기도 하지만 아이들 문제로 싸우는 일은 시기를 놓쳐서는 안 됩니다. 그러면 아이의 마음에 상처가 되어 지워지지 않거든요. 아이의 정서적 안정을 위해 늦지 않게 아이의 마음을 공감해 주고, 아이들 보는 앞에서 싸우지 않도록 하세요. 어쩔 수 없이 부부싸움을 했다면 엄마는 아이가 감정을 꺼내어놓을 수 있도록 먼저 말을 건네세요.

"엄마가 아빠와 싸우는 모습을 보여서 미안해. 대화로 풀었어야 하는데 그렇게 못했네."

"아빠와 의견이 달라 조금 다퉜는데 엄마는 네가 상처받을까 걱정돼."

부부싸움에 대한 책임을 인정하고 엄마가 너를 많이 걱정하고 있다고 표현해 줍니다. 그러면 아이는 자신의 감정을 존중받았다고 생각합니다. 이것만으로 아이는 '엄마는 내 마음을 아는구나,

내 잘못이 아니구나'라고 생각해요.

부부싸움을 하고 나면 부부는 상처받고 가끔은 배신감에 괴롭습니다. 엄마 자신도 이 상황이 너무 힘든데 아이까지 챙기기란 쉽지 않을 거예요. 하지만 부부간의 의견충돌이 있다면 진짜 아이를 위한 것이 무엇인지 생각해 봐야 해요. 부부간의 의견이 다를 수 있다고 인정하고 내 의견이 받아들여지지 않더라도 대화와 타협을 통해서 조율하는 과정이 필요합니다. 부부싸움 후 더 늦기 전에 솔직한 엄마의 마음을 아이에게 말해보세요. 아이도 엄마를 믿고 기다릴 것입니다.

"네 마음은 이해하지만 그건 잘못이야." 아이가 유난히 공격적일 때

정말 오랜만에 형님과 9세 조카가 시댁에 왔습니다. 산만하고 부산스러운 조카 때문에 형님은 시댁에 거의 오지 않으셨습니다. 그런데 조카의 행동이 눈에 띌 만큼 부산스럽네요. 처음에는 관심받기 위한 행동인 줄 알았습니다. 그런데 형님은 조카에게 신경질적으로 야단을 칩니다.

"야! 하지 마, 야! 그만해! 야! 이리 나와! 야! 야! 야!"

부산스러운 조카의 행동보다 그 행동을 제지하는 형님의 신경질적인 목소리가 더 신경 쓰입니다. 유난히 산만한 조카를 야단칠 만도 하다는 생각도 들었습니다. 부산스럽게 왔다갔다 이것저것 만지는 조카는 '과잉행동장애' 경계선에 있습니다. 일하는 형님은 아이들을 제대로 돌보지 못했습니다. 조카는 늘 집에서 혼자 시간을 보내고 폭력적인 게임과 TV가 가장 가까운 친구였습니다.

일하는 엄마를 비난하는 것은 아닙니다. 이는 엄마의 선택이지요. 그런데 엄마가 일을 선택했다면 아이가 게임에 방치되지 않도록 많은 신경을 써야 합니다. 엄마 없이 많은 시간 집에 있는 아이들은 게임에 노출되기 쉽습니다. 엄마가 있어도 게임과 폭력물을 통제하기란 만만치 않은데 엄마가 없다면 통제는 더 힘들 것입니다.

저는 조카의 이름은 알고 있지만 형님에게 '야'라고 불리우는 조카에게 말을 걸기 위해 이름을 물었습니다.

"우리 조카는 이름이 뭐지?"

조카는 저를 45도 각도로 노려보며 공격적인 말투로 대답합니다.

"왜요? 왜 물어봐요? 내 이름 알아서 뭐하려고요?"

"응, 외숙모가 궁금해서 그래."

조카의 얼굴을 바라보며 미소를 지었더니 '이 여자가 나한테 왜 이러지?' 하는 표정입니다.

"알아서 뭐하려고요? 아무도 내 이름 안 부르고 그냥 야! 야! 하는데."

조카는 자기 이름을 묻는 것에 대한 약간의 기대감으로 퉁명스럽게 말합니다. 저와 조카가 이야기하고 있으니 형님은 곁눈으로 힐끗힐끗 쳐다보며 아들이 과연 무슨 말을 할지 궁금해합니다. 아들이 대화하는 것도 신기하고 아들이 뭐라고 대답할지도 몹시 궁금한 모양입니다. 형님은 그 틈을 타서 저에게 아들의 흉을 봅니다.

"야! 너 네 이름 몰라? 왜 봉구라고 말을 못 해? 네가 바보야? 올케, 재는 저래서 문제야. 일분일초를 가만 안 있으니 야! 소리가 먼저 튀어나온다니까. 저번에는 맛있는 음식 있다고 상 위로 다이빙도 했어."

꼭 '너는 이름 불릴 자격도 없어'라고 합리화하는 것 같습니다. 저는 아들을 비난하는 형님의 입을 막고 싶었지만 초등학생이나 된 아들이 맛있는 음식 위로 다이빙하는 기이한 행동이 얼마나 답답하고 창피했을까 생각하면 형님의 마음도 이해되었습니다.

한편 조카는 이름도 불러주지 않고 야단만 치는 엄마에게 사랑받고 싶고 관심받고 싶었을 것입니다. 자신을 부를 때 날카롭게 "야!" 하고 부르니 조카의 자존감은 엉망진창입니다. 엄마가 이름 대신 손가락으로 지시하니 부정적인 관심이라도 끌고 자기 존재를 드러내고 싶어 과잉 행동을 했을 것입니다. 산만한 행동 때문에 야단맞는 생활이 반복되니 점점 더 산만하고 부산하게 움직여야 자신의 존재감을 느꼈을 것입니다. 이렇게 받은 스트레스는 자기보다 약한 강아지를 괴롭히는 행동으로 나타났습니다.

"야! 이 멍청아! 저리 가! 비켜!"

강아지를 괴롭히는 모습이 꼭 자신이 당한 그대로입니다. 강아지도 질 수 없다는 듯이 봉구 신발을 물어뜯어 신을 수 없게 만듭니다. 그럼 조카는 강아지를 혼내고 또 강아지 혼냈다고 엄마에게 혼나는 일이 이미 일상이 되어버렸습니다. 이 일상에서 아이를 존중하는 어른의 배려는 조금도 찾아볼 수 없습니다.

공격적인 아이는 부모가 자기에게 관심을 주지 않을 때, 또 자기가 원하는 것을 해주지 않을 때 공격적으로 분노를 표현합니다. 그럴 때 부모가 자신을 통제하려고 하거나 자신이 표현하려고 하는 것을 제재한다면 공격적으로 변합니다. 또 엄마가 자신을 공격적으로 통제하면 아이는 더 강하게 화를 냅니다. 이런 반복은 서로의 관계와 상황을 악화시키고 아이들은 이런 상황을 통해 더 강하게 힘을 쟁취하려고 합니다.

아이들은 자신이 원하는 것을 분명하게 표현하는 방법을 모를 수 있습니다. 엄마가 자기주장에 귀를 기울여주지 않으면 공격적으로 화를 냅니다. 그러니 자신이 원하는 것이 있을 때 그것을 표현하는 방법을 알려주세요. 아이의 주장에 귀를 기울이고 의견이 다르다면 조율하는 방법을 가르쳐주세요. 특히 남자아이들은 사춘기가 되면 거칠게 표현하거나 행동할 수 있는데 그런 행동이 무례하다는 것을 알려주어야 합니다. 고학년이 되어도 자신이 원하는 것과 요구를 있는 그대로 표현하지 못할 수 있고 자신이 갖는 감정과 행동이 별개라고 생각하지 못해 혼란스러울 수 있습니다. 엄마는 아이 마음속에 내재되어 있는 분노를 파악해서 표출하도록 해주어야 합니다.

지금 조카에게 제일 중요한 것을 자존감입니다. 아이를 함부로 대하는 어른들이 아이의 멋진 미래를 상상하기는 어렵죠? 존중받지 못한 아이는 점점 자존감을 잃어버리고 자기보다 약한 친구나 동물을 괴롭히는 말썽꾸러기로 자랍니다. 내 아이의 미래를 생각한다면 높을 존尊 귀중할 중重 '존중'으로 '매우 중요하게 대하는 태도'를 일상에서 보여줘야 합니다.

아이가 관심 끌기를 하거나 화가 났을 때 아이를 존중하는 마음으로 대해주세요.

첫째, 아이는 화가 나도 그 분노를 설명하는 것이 어려워 물어도 잘 대답하지 못할 수 있습니다. 그럴 때 다그치지 말고 준비가 된 후 이야기하도록 하세요.

둘째, 아이가 다른 사람과의 갈등에서 화를 낸다면 엄마가 개입하기보다 아이를 믿고 아이가 해결할 수 있도록 기다려주세요.

이때 아이가 화를 내서 상대방이 상처를 받게 된다면 "너의 마음은 이해가 되지만 상대에게 소리를 지르는 것은 안 돼"라고 잘못된 행동을 지적해 줍니다.

셋째, 아이가 공격적인 행동을 할 때 부모가 공격적인 행동으로 맞대응하는 것은 절대 금물입니다.

이는 결국 더 강한 공격적인 행동과 힘겨루기로 이어지며 악순환이 될 것입니다. 이것은 해결이 아니라 강제종료입니다.

넷째, 아이가 화가 날 때 해결하는 방법을 함께 찾아보는 것이 좋습니다.

아이가 좋아하는 음악을 듣거나 밖에 나가서 운동을 해도 좋습니다. 자기가 좋아하는 일을 하면서 화나는 마음을 진정시키는 방법을 가르쳐주세요.

다섯째, 아이에게 질문을 통해서 더 많은 권한을 가지도록 하고 그 결과를 책임지게 하세요.

아이들은 더 많은 권한이 생기면 존중받았다고 생각하고 스스로의 행동을 돌아보고 결과도 책임지게 됩니다.

지금까지는 존중하는 마음으로 아이를 대하는 방법이라면 추가로 아이를 존중하기 위한 부모의 마음가짐입니다.

첫째, 내가 낳은 내 아이지만 서로가 동등한 존재라는 것을 잊지 마세요.

아이의 말에 훈계하거나 상하관계식 대화는 존중하는 대화가 아닙니다. 대화할 때 엄마의 감정도 말하고, 아이의 생각을 말하면 인내심을 가지고 잘 들어줍니다. 잘잘못을 따지거나 판단하려 하지 말고 동등한 시선에서 아이의 말을 듣고 엄마의 생각도 편안하게 이야기하세요.

둘째, 아이를 바라보며 존중하는 태도로 이야기합니다.

존중은 사람을 매우 중요하게 대하는 태도인데 함부로 대하고 고함치듯 말한다면 아이는 엄마가 말하는 것이 아무리 맞는 말이라고 해도 거부할 것입니다.

셋째, 아이에게 늘 솔직하세요.

아이가 무언가를 질문하면 대부분의 엄마들은 건성으로 대답하거나 질문의 의도를 따져 묻습니다. 아이의 의도를 곡해하지 않고 늘 솔직하게 설명하세요. 이런 솔직함 속에서 아이는 엄마는 나를 무시하지 않고 존중해 주는 사람임을 느낍니다.

넷째, 아이는 가르치거나 야단치는 대상이 아님을 잊지 마세요.

가끔 잘못도 하고 실수도 하지만 일부러 작정하고 잘못을 하는 아이는 없습니다. 아이가 실수했을 때 이때다 하고 작정하고 길고 긴 잔소리를 하지 않는지 돌아봐야 합니다. 엄마가 잔소리하는 이유는 아이의 잘못을 거듭 강조해 다음에는 실수하지 않기를 바라는 마음 때문입니다. 그러나 아이는 엄마가 거듭 강조한 잔소리를 기억하지 못하고 엄마에게 야단맞았던 기억만 떠오릅니다. 아이의 잘못은 짧게, 잘한 것은 길게 이야기한다면 아이는 존중받는다고 느낍니다.

아이는 한 인간으로 존중받아야 할 존귀한 존재입니다. 그럼 누가 아이를 존중해 줘야 할까요? 아이와 가장 가까운 엄마가 존중해 주어야 의미가 있습니다. 아이는 내가 사랑하는 사람에게 존중받았을 때 나는 정말 소중한 존재라고 생각하고 한 뼘씩 성장합니다.

4장

자아정체성 대 혼돈(12~19세)

자신에 대한 고민으로 혼란스러워해요

에릭슨의 심리사회적 발달단계

2단계	3단계	4단계	5단계
자율성 대 수치심 (3~5세)	주도성 대 죄의식 (5~8세)	근면성 대 열등감 (8~12세)	자아정체성 대 혼돈 (12~19세)

에릭슨의 심리사회적 발달이론 제5단계는 자아정체성 대 혼돈 시기예요. 이 시기에 아이들은 심리적 정체성을 재규정하는데 고민에 해답을 얻지 못하면 정체성의 혼돈이 와요. 정체성은 연속적이고 잠정적인 동일시를 형성하는데, 사회로부터 인정받으면 정체성이 형성되고 극복하지 못하면 혼돈이 오게 됩니다.

부모는 아이가 커가면서 내가 부모 역할을 잘하고 있나 하는 부담감이 밀려들기도 하고 자책을 하기도 합니다.

자아정체성이 형성되는 중·고등학생 때는 '나는 누구지?' '내가 진짜 좋아하는 건 뭐지?' 등의 고민을 하며 자신에 대해 알아가는 시기입니다. 자신을 향해 끊임없이 질문하며 내가 누구인지를 알게 돼요.

우리는 태어나서 첫 번째 단계에서 '자신을 돌봐주고 반응해 주는 부모로부터 세상에 대한 신뢰감'을 형성하고, 두 번째 단계에서 '내가 원하는 것을 시도하고 도전'하는 자율성이 형성되고, 세 번째 단계에서 '내가 원하는 것을 타인의 욕구까지 함께 고려하는 주도성'이 형성됩니다. 네 번째 단계에서는 '내가 잘하는 것이 있음을 깨닫고 자신이 잘하는 것에 대한 확신'을 얻게 되는데요. 이 단계들을 기반으로 자아정체성을 형성합니다. 그래서 신뢰감, 자율성, 주도성, 근면성이 기반이 되어야 청소년기에 건강한 자아정체성을 획득할 수 있습니다.

자아정체성이 형성되는 시기는 만 12~18세로 흔히 질풍노도의 시기라고 합니다. 이때 아이들은 가장 근본적이고도 어려운 문제로 고민하게 됩니다. '나는 누구인가?' '나는 왜 태어났을까?' 하는 가장 근본적인 고민부터 '나는 무엇을 할 것인가?' '나는 미래에 어떻게 될 것인가?' '지금의 내 모습과 미래에 얼마나 많이 달라질 것인가?'와 같이 미래에 대한 수많은 질문을 스스로에게 합니다. 이런 질문과 고민을 통해 자기 자신을 올바로 인식하고 일관성 있는 자아를 발견하게 된답니다. 또 내가 다른 사람의 눈에 어떻게 보이는지를 어느 때보다도 신경을 쓰게 됩니다. 타인의 시선에 대한 관심이 가장 많을 때랍니다.

이때는 자기 존재에 대한 새로운 의문과 탐색이 시작되며 '강한 바람과 성난 파도가 몰아치는' 질풍노도의 시기예요. 인생에서 정말 중요한 이 시기에 긍정적인 자아정체성을 형성하면 이후에 부딪히는 심리적 위기를 무난히 넘길 수 있지만, 그렇지 못할 경우 청년기에 다른 사람과의 관계에서 우정과 사랑을 나눌 수 없어 혼자 고립되기도 하고 자신이 해결하고자 하는 하나의 문제에만 집중하는 자기몰두에 빠지기도 한답니다.

자아정체성이란 자신의 위치, 능력, 역할 그리고 책임에 대해 확인하는 것이에요. 정체성은 일생을 통해서 정립해야 할 중요한 문제이며 이 시기에 급격한 신체적 변화와 성적 성숙이 이루어진답니다. 또 앞으로의 진로 문제, 전공 선택의 문제, 이성 문제, 동성 친구들과의 문제 등 수많은 문제들에 대한 결정을 해야 합니다. 이러한 정체성은 저절로 주어지는 것이 아닙니다. 정체성은 지속적인 노력을 통해서 획득하게 되며 획득되지 않을 경우 자신에 대한 회의나 갈등으로 인해 정체감이 혼란스러운 심리적인 상태를 맞이하게 됩니다. 이런 정체성 혼돈을 떨치기 위해 약물과 알코올을 남용할 경우 병리적 성격장애로 이어지기도 합니다. 에릭슨은 사회로부터 인정받은 청소년은 자신에 대한 확고한 정체성을 형성하며 건강한 성인으로 성장할 수 있다고 했답니다.

1. 지지해 주세요

"저런, 정말 속상했겠네."
속상하고 억울한 마음을 말할 때

저는 자라면서 엄마가 저의 마음을 보듬어주길 원했습니다. 그런데 부모가 되고 나니 저 역시 아이의 말을 멋대로 판단해 버리고 아이의 마음을 지지해 주지 못했습니다. 제가 간절히 원했던 것을 왜 아이에게 해주지 못하는지 그걸 깨닫자 저 자신이 몹시 미워졌습니다. 아이의 마음을 따뜻하게 감싸주는 엄마가 되고 싶었는데 그와 반대로 아이를 판단하고 문제만 해결해 주려고 했었거든요.

정인이가 중학교 1학년 때 기가 푹 죽어 귀가한 날이었어요.

"엄마, 주영이가 친구들과 이야기하다가 내가 오니까 다른 곳으로 가버렸어."

"왜? 주영이와 싸웠니?"

"몰라, 그냥 나랑 말하기 싫은가 봐."

"그러니까 왜? 주영이가 너랑 말하기 싫대? 네가 뭐 잘못했어? 그전에 무슨 일이 있었는데?"

"그냥 가버리는데 내가 어떻게 알아. 나도 몰라."

아이가 이렇게 말하면 저는 '친구 관계가 얼마나 중요한데 친구가 정인이를 거부하지?' 하며 걱정이 되었습니다. 저는 문제의 원인을 빨리 알고 싶고 빨리 해결해 주고 싶어 정인이를 다그쳤습니다. 엄마는 아이의 문제를 해결해 주고 싶은데 아이는 그냥 모른다고 하니 답답하기만 합니다. 정인이는 이유를 논리적으로 말하지 못해 모른다고 할 수도 있고, 정말 잘 몰라서 모른다고 할 수도 있습니다. 아이의 이야기를 듣고 엄마 판단에 별일이 아니다 싶으면 긴 설교와 잔소리는 이어져요.

"네가 먼저 주영이에게 말을 해. 너는 입이 없어? 왜 말을 못해? 주영이가 안 놀아주면 다른 애들하고 놀아. 그리고 엄마가 친구랑 사이좋게 놀라고 했어, 안 했어? 집에서도 동생한테 네 마음대로 하려고 하더라, 그렇게 네 마음대로 욕심부리니까 주영이도 그렇게 하겠지."

아! 엄마의 기나긴 설교와 판결은 언제쯤 끝나고 아이의 마음을 이해해 줄까요? 이러려고 이 말을 한 게 아닌데 아이의 마음은 더 답답합니다. 만일 엄마의 초점이 문제에 있는 것이 아니라 아이의 마음에 있다면 이렇게 말하지 않을 것입니다. 엄마가 계속 문제만 보고 말하면 아이는 엄마를 무시할지도 모릅니다.

"엄마는 알지도 못하면서 왜 그래? 내가 알아서 할 거니까 자꾸만 간섭하지 마."

이 시기 아이들은 체격은 훌쩍 자라 덩치는 크지만 정신적으로는 여전히 어린아이입니다. 정신과 신체의 균형이 맞아야 하지만 외형과 달리 정신은 아직 엄마의 도움과 지지를 받아야 합니다. 두뇌와 감정이 아직도 자라는 중이니까요. 이럴 때는 엄마가 늘 너를 믿고 함께한다는 신뢰감을 주어야 합니다. 우리가 여행을 떠나 너무 힘들어도 견딜 수 있는 이유는 돌아갈 집이 있기 때문입니다. 아이에게 돌아갈 집이란 나를 반겨주고, 이야기를 들어주며, 내 마음을 지지해 주는 엄마입니다.

아이는 자신을 지지해 주는 따뜻한 엄마를 원하지 잘잘못을 따지고 판결하는 판사를 원하지 않습니다. 아이는 온전히 자신의 마음을 받아주고 지지해 주는 변호사 같은 엄마를 원합니다. 엄마는 친구와 다툰 후 소외된 아이의 모습을 보면 마음이 너무 아픕니다. 하지만 아이들은 친구들과 싸우면서 거절당하고 소외되기도 합니다. 그리고 어른들보다 훨씬 빠르게 회복합니다. 엄마는 아이를 보호하고 문제를 해결해 줘야 한다고 생각하지만 아이들은 엄마가 자신의 이야기를 공감하고 응원해 주길 바랍니다. 어쩌면 아이들은 이 문제를 어떻게 풀어야 하는지 알고 있을지도 모릅니다. 엄마 역시 사람들과 싸우며 상대방의 감정을 알고 배려하고 양보하며 성숙해지잖아요. 아이 역시 문제를 해결할 수 있는 방법을 알 것입니다.

부모가 개입할 일은 그 또래에 충분히 겪을 수 있는 친구와의 사소한 갈등이 아니라 학교폭력, 성폭력, 그리고 왕따와 같은 심각한 문제들입니다. 이런 문제는 무조건 부모가 개입해야 합니다. 작은 문제들은 아이 스스로 해결할 수 있도록 지지해 주고 아이 스스로 해결할 수 없는 문제는 꼭 부모가 개입해서 해결해야 합니다. 또 아이 스스로 해결할 수 없는 문제에 대한 대처 방법도 미리 알려주세요. 구체적인 대처 방법은 알려줄 수 없더라도 꼭 부모에게 도움을 요청하라고 해야 합니다.

아이가 친구와 다투었을 때 무조건 조언하거나 해결해 주지 말고 언제든지 엄마가 고민을 털어놓을 수 있는 상대라는 걸 알려주세요. 아이에게는 그런 지지가 가장 필요합니다. 또 아이가 내린 선택을 존중해 줄 필요가 있습니다. 당분간 친구와 거리를 두고 싶다고 말한다면 그 선택을 존중해 주는 것이 진정한 지지입니다. 아이가 괴로운 시간을 보낼 때 엄마는 간섭하지 말고 믿어주어야 합니다. 이런 믿음을 통해 아이는 스스로 결정하고 책임지는 사람으로 성장합니다.

"엄마, 주영이가 친구들과 이야기하다가 내가 오니까 다른 곳으로 가버렸어."

"저런, 친구가 우리 정인이를 외면해서 정말 속상했겠네."

혹은 "정인아, 속상하지?" 하고 그저 안아주면 됩니다.

그거면 충분합니다. 문제를 풀려는 기술보다 아이의 마음을 공감해 주는 진심이 더 강력하니까요. 아이는 엄마의 위로에 속상했던 마음이 녹고 자신의 고민을 의논합니다.

"엄마, 내일 주영이에게 내가 먼저 다가가 볼까? 어떻게 하면 주영이와 오해를 풀 수 있을까?"

그럼 그때 아이와 머리를 맞대고 의논하세요. 또 어떤 날은 이유도 없이 화를 내고 억울하다고 합니다. 아이가 화가 나서 말도 안 되는 말을 해도 그냥 들어주세요.

"엄마, 나 진짜 억울해."

"너는 참 억울할 것도 많다. 또 무슨 일인데?"

엄마가 이렇게 말하면 억울한 마음을 말할 수 없잖아요.

"정인이가 정말 억울할 만하네, 그런데 정인이는 어떻게 하면 좋을까?"

먼저 아이의 생각을 묻거나 아이의 생각에 엄마 생각을 살짝 얹어도 좋고 아이가 충분히 터놓을 수 있도록 시간을 주고 들어주면 됩니다. '그래 그래, 더 말해봐!' 이런 마음으로 아이의 말을 집중해서 듣다 보면, 아이는 결국 자기 스스로 해답을 찾게 됩니다.

사춘기가 된 정인이가 어느 날 이렇게 말하는 거예요.

"엄마, 나 너무 힘들어 미칠 것 같아. 근데 뭐가 힘든지 모르는 게 더 힘들어."

이 말을 들은 저는 어떻게 해야 할지 몰랐습니다. 힘들어하는 아이를 도와줘야 하는데 뭘 어떻게 도와줘야 할지 막막했습니다. 그 순간 제가 할 수 있는 것은 힘들어하는 아이를 가만히 지켜보는 것뿐이었습니다. 그런데 아이는 스스로 해결점을 찾기도 하고, 엄마에게 도움을 요청하기도 합니다. 내가 힘들면 언제든 나를 믿어주는 내 편이 있다는 생각만으로도 아이는 외롭지 않습니다. 엄마의 지지를 받고 자란 아이는 사춘기가 되어도 엄마에게 쉽게 속에 있는 말을 털어놓습니다. 왜냐하면 엄마는 언제나 내 편이고 내 이야기를 판단하지 않고 믿고 지지해 주니까요. 그래서 혼자서 감당하기 힘든 감정을 엄마에게 털어놓아도 안전하다고 느끼게 됩니다.

사춘기가 무서운 것이 아니라 엄마에게 자신의 고민을 말하지 않는 아이가 무서운 것입니다. 엄마에게 이해받는다면 사춘기가 되어도 걱정할 필요가 없습니다. 그런데 엄마에 대한 믿음이 없으면 학교 폭력과 같이 정말 심각한 문제를 겪게 되더라도 엄마에게 털어놓지 못할 것입니다.

아이가 겪는 수많은 사건들 앞에서 엄마가 힘든 이유는 '왜 우리 아이가 그렇게 힘들었는데 나에게 그걸 말하지 않았지? 왜 아무 내색도 하지 않았지? 나는 왜 그걸 몰랐지? 내가 엄마이긴 한가?' 하는 죄책감 때문입니다. 아이가 엄마에게 자신의 문제를 말하지 않는 이유는 어차피 엄마는 나를 이해하지도 않고 내 편은 더더욱 아니라고 생각하기 때문입니다. 그래서 반드시 도움을 받아야 하는 비정상적인 경험을 했거나 안전에 위협을 받는 문제도 말하지 않는 것입니다. 또 '이런 고민이 엄마를 힘들게 하지 않을까?' 엄마가 내 이야기를 듣고 놀라지 않을까?' 하는 걱정으로 숨기기도 합니다.

어린 시절 저에게는 늘 귀찮은 듯 결론만 말하던 엄마가 할머니가 되자 손녀의 감정은 정말 잘 받아주십니다.

"엄마는 어떻게 정인이랑 승현이 마음을 그렇게 잘 받아줘?"

"내가 너를 키울 때는 너를 위한답시고 강하게 키웠지. 돌이켜보니 그게 잘 키우는 게 아니더라. 조금 일찍 알았다면 속상한 맘도 알아주고 좋은 엄마가 되었을 텐데 내가 그때 너무 몰랐네."

엄마는 그때는 잘 몰라서 그랬다고, 그래서 손녀에게는 더 잘 해주고 싶다고 말씀하셨습니다. 저도 이해가 되었습니다. 엄마는 저를 강하게 키우려고 많이 노력하셨거든요. 아마도 엄마는 자식의 감정을 지지해 주면서도 강하게 키우는 방법을 잘 모르셨나 봅니다.

"아니야, 엄마는 좋은 엄마야. 예전에는 몰랐는데 나도 엄마가 되어보니 엄마의 마음이 보여."

저는 그제서야 처음으로 엄마의 마음을 알아주고 엄마 편이 되었습니다.

아이가 친구와 싸워 속상할 때 아이의 마음을 지지하고 아이의 판단을 끝까지 믿어주고 아이의 선택을 존중해 주는 것은 가족 중 누구라도 좋습니다. 어른들의 편견처럼 할머니가 키웠다고, 엄마나 아빠가 홀로 키웠다고 아이가 더 심한 사춘기를 겪는 것은 아닙니다. 진정한 단 한 사람의 지지와 믿음만 있다면 아이는 언제든지 돌아갈 마음의 고향이 생깁니다. 소설가 박완서는 '부모의 사랑은 아이들이 더우면 걷어차고, 필요할 땐 언제든 끌어당겨 덮을 수 있는 이불과 같아야 한다'고 하셨습니다. 엄마란 한결같이 아이를 믿어주고 지지해 주는 이불과도 같은 사람입니다.

2. 무조건 아이 편이 되어주세요

"네가 좋다면 엄마도 좋아."
아이를 이해해야 할 때

법륜스님은 엄마라는 사람은 세상 모두가 다 손가락질을 해도 시시비비를 가리지 않고 무조건 아이 편이여야 한다고 말합니다. 외국에 유학 보낸 아들이 외국인 여자 친구를 사귄다면 어떨까요? 어쩌면 엄마는 펄쩍 뛰며 아이에게 상처 주는 말을 할 수도 있습니다.

"미쳤니? 절대 안 돼. 무조건 안 돼."

"너 공부하라고 미국 보냈더니 여자 친구가 뭐야? 그럴 거면 공부 그만두고 당장 집에 와."

어쩌면 이것보다 더 심한 말을 무수히 쏟아낼 수도 있습니다. 하지만 남들이 수군거리고 손가락질한다고 해도 엄마만은 아이 편이어야 합니다.

법륜스님은 '강간, 욕설, 도적질, 살인, 성폭행'이 아니라면 엄마는 무조건 아이를 이해하는 사람이어야 한다고 합니다. 만일 승현이가 제 가치관으로 이해하기 힘든 행동을 한다면 어떨까요? 저에게 일어난 일은 아니지만 무조건 아이 입장에서 아이 편이 되어 말하기는 어려울 것입니다. 저는 심한 말로 아이에게 상처를 주겠죠. 왜냐하면 아이를 사랑한다는 이유로 엄마 뜻대로 되길 바라기 때문입니다.

참 이상하죠? 아이가 '죽어버릴 거야'라고 하면 엄마는 그 순간 백기를 들지만 엄마가 '내가 죽어도 허락 못 해'라고 해도 아이는 백기를 들지 않습니다. 어릴 때는 '밥 안 먹을 거야' 조금 크면 '학교 안 갈 거야' 더 커서는 '공부 안 해' 그리고 다 컸을 때는 '죽어버릴 거야'인데 이 방법들은 늘 엄마로 하여금 '절대 안 돼'를 '돼'로 바뀌게 했습니다.

그러나 엄마란 천만 번을 양보하고 자식만을 생각하는 사람입니다.

"승현아, 여자 친구 사귀니까 어때?"

"나와 문화와 환경은 다르지만 그 친구와 잘 지내고 싶어."

"그래, 네가 그 여자 친구가 좋다고 하니 엄마도 좋네."

제가 힘든 일이 있을 때 아버지에게 하소연하면 언제나 제 편이 되어주셨습니다. 아버지가 가장 많이 하셨던 말씀은 저를 믿는다는 말이었습니다.

"네가 좋으면 된다. 네가 그렇게 하고 싶으면 그렇게 해."

만약 아버지가 안 된다고 하면 억지로 고집을 부렸을 것입니다. 그러나 늘 저를 이해하고 말씀해 주시니 오히려 어떤 결정 앞에서는 내가 너무 억지를 부리는 것은 아닌가 한 번 더 생각해 보게 되더군요. 무엇보다 아버지가 무조건 제 편이라는 것이 너무 든든했습니다. 아버지가 나를 믿어주시고 항상 내 편이라는 믿음이 살아가면서 얼마나 큰 힘이 되던지요.

가장 위험한 아이는 엄마에게 의논하지 않는 아이입니다. 어릴 때는 무엇이든지 다 말하던 아이가 어느 순간 엄마가 무조건 내 편이 아니라는 것을 알게 되면 더 이상 자신의 이야기를 털어놓지 않습니다.

'어차피 말했다가 혼날 텐데 뭐 하려고 말해?'

'엄마가 뭘 알아? 날 이해하기나 해?'

아이는 엄마에게 이해받지 못하는 외로움을 혼자서 감당합니다. 내 편도 아니면서 내 문제를 판단하려고 하는 엄마는 더 믿을 수가 없습니다. 그래서 아이는 엄마가 가장 필요한 순간이 와도 의논하지 않습니다. 절대 해서는 안 되는 짓을 한 것이 아니라면 무조건 아이 편을 들어주세요. 만약 친구를 괴롭혔다면 엄하게 혼내고 잘못에 따른 벌을 받게 해야 합니다. '에이~ 아직 어린데, 일부러 그런 것도 아닌데'라고 부모가 넘어간다면 아이는 더 큰 가해자가 될 것입니다. 제가 남에게 피해 주는 행동을 했을 때 아버지는 정말 무섭게 혼을 냈습니다. 남에게 피해를 주면 안 된다는 부모님의 원칙에 따라 잘못한 일에 대해서는 반드시 책임을 지게 했던 것입니다. 잘못한 일에 대한 대가를 치르는 것은 값진 교육입니다. '딱 한 번인데 그럴 수도 있지' '다른 아이들도 다 해. 안 들키면 되지' 하는 생각을 갖게 된다면 돌이킬 수 없는 큰 죄를 짓게 됩니다.

청소년기 아이에게 부모의 신념과 가치관을 가르치고 싶다면 아이가 저항할 때도 엄마는 예민하게 귀를 기울여야 합니다.

아이가 부모의 신념과 가치관에 반대 의견을 낸다면 적극적으로 들어야 합니다. 아이들은 자신의 의견을 부모가 적극적으로 들으면 저항의 감정들이 조금씩 가라앉아 결국 부모의 의견을 좀 더 쉽게 받아들입니다.

만일 엄마가 아이의 의견을 듣지 않고 혼자 정해둔 답을 내놓는다면 아이는 "이제 더 이상 제 얘기 안 할 거예요. 난 엄마가 어떻게 생각하는지 다 알아요." "엄마 생각 말고 내 생각을 받아 주면 안 돼요? 왜 엄마는 맨날 엄마 생각만 강요해요?"라고 말할 것입니다. 아이들은 엄마가 자신의 생각을 주입하려고 하는 것을 견디지 못하고 엄마의 도움은 더 이상 필요하지 않다고 생각하면서 엄마와 높은 담을 쌓게 됩니다.

청소년기에는 부모가 자신의 의견을 주입하려는 것을 참지 못합니다. 엄마는 아이에게 자기 생각을 주입하지 말고 전달해야 합니다. 또 아이는 엄마가 열린 마음으로 생각을 공유하려는 것은 수긍하지만 설득하고 설교하려는 것은 받아들이지 않습니다. 아이들은 청소년기가 되면 자신이 다 컸다고 생각해 엄마의 통제를 받지 않으려 하기 때문입니다. 그렇다고 아이의 눈치를 볼 필요는 없습니다. 엄마의 생각을 자신 있게 제안하되 그 제안을 강요하지 않으면 됩니다.

아이는 이제 많이 자랐습니다. 엄마의 제안이 꼭 받아들여질 거라고 생각하지만 않는다면 아이는 언제든지 엄마에게 도움을 청하고 스스럼없이 이야기할 것입니다. 답을 정해놓고 유도하지 말고 아이의 결정을 바꾸려고 하지 마세요. 아이의 문제를 진심어린 마음으로 들어주세요. 다른 사람에게 피해를 주거나 위협을 주는 행동에 대해 지적한다면 아이도 부모의 가치관과 신념을 받아들일 것입니다.

어느 날 정인이가 대학 안 간다는 말에 저는 순간 숨이 탁 막히는 것 같았습니다.

"엄마, 나 대학 안 갈 거야, 내가 대학 가서 뭐해? 가고 싶은 학교 성적이 안 돼, 나 내일부터 학교도 안 갈 거야."

초등학교부터 12년을 공부해서 이제 마지막 관문인데 이런 소리를 하는 아이를 한 대 때리고 싶었습니다.

"성적이 안 된다고 대학도 안 간다, 학교도 그만두고 중졸 하겠다니 참 잘한다, 잘해"라는 말이 튀어나올 뻔했습니다.

그날 밤 자는 아이를 보니 트러블로 피부가 일어나고, 머리카락도 평소보다 많이 빠져 있었습니다. 먹이고, 입히고, 학교 보내는 게 다가 아닌데 아이 마음을 이렇게 몰랐구나 싶어 후회가 되더군요.

정인이가 대학 안 간다는 말을 하는 순간 우습게도 다른 사람들이 정인이가 어느 대학 가느냐고 물으면 뭐라고 대답해야 하지? 하는 생각이 먼저 들더군요. 정신이 번쩍 들었습니다. 저는 다시 정신을 차리고 아이 편이 되었습니다.

아이들은 자신에게 실망하고 부모에게 미안한 마음이 들 때 이런 결정을 합니다. 최선을 다해 도와주는 엄마에게 미안한 마음이 들고 면목 없지요. 이런 자신이 한심하고 가끔은 앞이 깜깜해 아무것도 보이지 않기도 해요. 어른들은 학교 다닐 때가 제일 좋을 때라고 말하지만 아이들은 공부만 하는 것이 아니라 좋은 성적을 내야 한다는 것이 이 세상에서 가장 큰 부담입니다. 공부해서 성과가 나지 않을 때 자신에 대한 실망보다 엄마가 얼마나 실망할까 싶어 정말 죽고 싶은 마음이 듭니다. 그리고 이런 자신에게 희망이 보이지 않아 멀고 먼 사막을 혼자 걷는 마음입니다.

엄마의 생각보다 아이는 훨씬 더 엄마에게 자랑스러운 내가 되고 싶고 좋은 성과를 내서 엄마를 기쁘게 해주고 싶거든요.

저는 이런 정인이에게 "정인아, 네가 얼마나 힘들었으면 그런 생각을 하겠니? 엄마는 네가 싫다면 억지로 대학 가라고 하지 않아"라고 해주었습니다.

말뿐이 아니라 진심으로 아이의 판단에 동의하고 무조건 아이의 편이 되었습니다. 결국 정인이는 그 과정을 견디고 자기가 원하는 목표로 향했습니다.

세상에서 무조건 내 편인 유일한 사람이 바로 엄마입니다. 엄마는 그저 먹여주고 입혀주는 사람이 아니라 아이를 위해 하느님이 보내는 딱 한 사람입니다.

"엄마, 나 너무 힘들어."

아이가 가장 힘든 순간 마음을 터놓는 유일한 사람이 엄마입니다. 사랑하는 아이가 힘들 때 엄마를 찾고, 엄마는 무조건 아이 편이 됩니다. 이렇게 하라고 하느님은 아이를 위해 유일한 한 사람을 보냈을 것입니다.

3. 많은 것을 경험하게 하세요

"잘하는 것을 찾으려면 경험이 필요해." 아이의 꿈을 응원하고 싶을 때

저는 저 자신을 알기까지 많은 시간이 걸렸습니다. 다른 사람은 몇 번만 만나도 알겠는데 몇십 년을 함께 산 저 자신은 늘 미로입니다. 무엇을 잘하는지, 무엇을 좋아하는지를 알기까지 너무 많은 시간을 헤맸습니다. 왜 그런지 생각해 보니 남들 눈에 비치는 저의 모습에 너무 익숙해서였습니다. 남들이 평가하는 나에 너무 익숙해져 있다 보니 더욱 저 자신을 모르겠더라고요. 엄마는 꿈도 없고 잘하는 것도 없는 제가 답답하셨던지 이렇게 말씀하셨어요. "너는 도대체 뭐가 되려고 그래? 넌 도대체 제대로 하는 게 뭐니?"

저는 엄마에게 이 말을 들은 날 '난 절대 엄마 뜻대로 안 될 거야. 아무것도 안 될 거야' 하며 저 자신이 한심해 밤새 이불을 뒤집어쓰고 울었습니다.

꿈이란 소풍날 찾던 보물처럼 찾을 듯 찾아질 듯 쉽게 찾아지지 않습니다. 어떤 날은 꿈조차 없는 나는 존재 가치가 없다고 생각한 적이 있었습니다. 나는 왜 꿈이 없을까 질책하며 가치 없는 사람이라는 생각에서 벗어날 수 없었습니다. 이렇게 꿈을 찾던 저는 훌쩍 자라 두 아이의 엄마가 되었습니다. 어른이 되어 바라본 꿈은 없을 수도 있고 아주 늦게 생길 수도 있는 것이더군요. 꿈이 없는 것이 문제가 아니라 꿈이 없는 나 자신을 미워하는 것이 가장 큰 문제입니다. 여러분은 찾지 못했던 나의 꿈 때문에 조급함으로 아이를 밀어내고 있지는 않나요?

"도대체 너는 꿈이 뭐야? 너는 무엇을 할 때 좋아? 너는 무엇을 제일 잘해?"

지금 꿈이 없는 아이를 보면 엄마가 더 조급하지는 않는지요?

먼저 아이가 많이 하는 활동들이 무엇인지 점검해 보세요. 만약 과학, 독서, 봉사활동, 외국어, 혼자 시간 보내기를 좋아한다면 의사라는 직업에 관심이 있을 것입니다. 독서나 외국어, 음악을 즐겨한다면 음악과 관련된 직업이 맞을 것입니다. 아이가 꿈을 찾게 하고 싶다면 크게 '꿈'이라고 뭉뚱그릴 것이 아니라 세세하게 나누어서 다가가 보면 어떨까요?

무엇이든지 재미가 없다면 다양한 경험을 하지 못합니다. 저는 스무 살 때 처음 본 것이 너무 많습니다. 저는 제가 경험한 것이 빙산의 일각이라는 것을 산골을 벗어난 스무 살에 알게 되었습니다. 기차도, 고층 아파트와 사무실이 있는 빌딩도, 세상에 직업과 회사가 이렇게 많은지도 모두 처음 알았습니다. 저는 군사트럭과 비행기가 세상의 전부라고 생각했는데 실제 비행기와 공항을 본 날은 신기함보다 두려움에 움츠렸습니다.

아이에게 다양한 경험을 제공해 주어 넓은 시야를 가질 수 있도록 해주세요. 다양함 속에서 좋아하는 것도 찾을 수 있거든요. 또 영화나 책을 본 후 이야기를 나누어보세요. 이 나이의 아이들은 책보다는 영화를 통해서 더 넓은 세상을 만나기도 합니다. 저는 책은 안 읽고 미디어만 보는 정인이가 답답했습니다. 그런데 아이는 영화를 통해 다양한 세상과 만나고 있더라고요.

경험한 목록을 적어보면 엄마가 혹시 아이에게 편협한 경험을 제공하고 있지 않은지 돌아볼 수 있습니다. 아이들은 자기가 경험한 것을 기반으로 꿈도 목표도 생각하거든요. 운동, 악기, 모임, 컴퓨터 등 하나에만 치중되어 있지 않은지 생각하고 다양하고 새로운 활동을 시도할 수 있는 기회를 주어야 합니다.

우리는 아이들의 성격이나 재능이 타고난 것이라고 생각하고 그것을 통해 꿈이 이루어진다고 생각합니다. 칭찬은 힘이 되지만 어른들의 기대가 지나치면 '타고난 재능'이 부담감이 됩니다. 때로 칭찬은 앞으로 더 잘해야 한다는 부담이 되어 강박을 느끼게 하죠. 이런 강박으로 아이들은 새로운 것을 배우려 하지 않고 익숙한 것만 계속할지도 모릅니다. 또 자신이 잘할 수 있고 칭찬받을 만한 것만 하려 들 것입니다. 아이들은 자칫 결과에만 치우치게 되기 쉬우니 엄마는 결과뿐 아니라 아이가 노력하고 흥미를 보이는 과정도 충분히 격려해 주어야 합니다.

어릴 때부터 똑똑하다는 칭찬을 많이 받고 자란 아이일수록 자신의 강점도 꿈도 찾기 어렵습니다. 왜냐하면 좋은 결과를 내야 한다는 강박 때문에 '나는 재능이 없어' '나는 노력해도 잘 안 돼'라는 변명을 하며 더 이상 앞으로 나아가지 못하거든요. 그래서 부모는 아이가 1등을 하는지, 좋은 성과를 내는지, 최고가 되는지에 기준을 두는 것이 아니라 무엇이 재미있는지, 무엇을 배우고 싶은지, 사회에 도움이 되는 가치관이 무엇인지 생각하도록 도와주어야 합니다.

저는 유아교육과를 가고 싶었지만 선생님의 선택으로 회계학과에 가게 되었고 결국 졸업 후 다시 유아교육과를 갔습니다. 지금 생각하면 회계학과도 인생에서 많은 도움이 되었지만 그때는 그 몇 년의 늦음이 늘 제 발목을 붙잡는 것 같았습니다. 하지만 그 늦음이 있었기에 더 열심히 '해야 하는 이유'를 찾게 되었습니다. 이어령 박사님은 '아이들은 모두 365도로 뛰어야 한다'고 하셨습니다. 모든 사람은 천재로 태어났고 그 사람만이 할 수 있는 일이 분명 있는데 그 천재성을 학교에서는 선생님이 덮고 직장에 가면 상사가 덮어버린다고 합니다. 360명이 한 방향으로 달리면 1등부터 360등으로 서열이 매겨지지만 아이가 원하는 방향, 아이가 뛰고 싶은 방향으로 뛰면 360명이 아이가 각자 원하는 방향으로 달립니다.

모든 아이가 1등임을 우리는 잊어버리고 아이들을 서열 속으로 밀어 넣습니다. 오늘도 아이를 위한다는 이유로 아이를 서열 속으로 밀어 넣고 있습니다. 이어령 박사님은 'only one, 하나밖에 없는 나로 살아야 한다. 세상에 나는 1명뿐이어서 남의 생각을 좇지 말고 내가 가고 싶은 길, 내가 원하는 길로 가라'라고 하셨지만 저 역시 되고 싶은 것보다 되어야 하는 것이 꿈인 줄 알았습니다. 꿈은 그럴듯한 명함처럼 누가 봐도 거창하고 근사해야 한다고 믿었습니다. 그러나 꿈을 찾기 위해서는 가장 먼저 자신의 강점을 발견해야 합니다.

어제는 친구가 고민을 털어놓았습니다. 아이를 위해 너무도 많이 투자했는데 꿈도 강점도 없는 것 같아 고민이 된다고요. 그런데 아들이 게임을 잘한다는 것을 얼마 전에 알게 되었다고 했습니다. 알고 보니 아들이 제법 유명한 게임선수입니다. 아이는 엄마가 실망할까 봐 이야기하지 못했다고 합니다. 친구는 게임대회에 선수로 활동하고 있는 아이를 보고 정말 기뻐하더라고요. 친구도 아이도 행복한 것 같아 저 역시 응원의 박수를 보냈습니다.

저는 꿈을 찾아 헤매지 말라고 말합니다. 자신이 꾸준히 하는 일이 바로 강점이고 그것이 곧 꿈입니다. 왜냐하면 싫어하는 것은 꾸준히 할 수가 없거든요. 일기를 꾸준히 쓰는 사람은 쓰는 것과 관련된 강점을 찾아 기자, 작가, 평론가가 되고, 메모를 잘하는 사람은 자기만의 방식을 정리해서 자기계발의 꿈을 이룰 수 있습니다.

꿈은 직업이 아닙니다. 그런데 우리는 꿈을 '하고 싶은 것'이 아니라 '되어야 하는 것'으로 착각합니다. 우리 아이가 꾸준히 하는 것이 바로 아이의 강점이고 꿈입니다. 지금은 그것이 보잘것없어 보이지만 시간이 지나면 분명 꿈이 되고 직업이 됩니다. 30년 앞서 사는 아이들의 직업을 30년 전에 살았던 엄마가 예측하기 어렵잖아요. 제가 교사가 되어보니 아이들의 강점이 미래의 적성이나 직업이 되는 경우가 많습니다. 교사는 수많은 아이를 보면서 아이만의 객관적인 강점을 볼 수 있습니다. 생각해 보면 어릴 적 유치원 선생님과 초등학교 담임 선생님이 말해주셨던 저의 강점은 제가 좋아하는 일이더군요. 아이 생활기록부에 쓰인 강점이 모여 꿈이 되고 오직 하나뿐인 나를 만드는 것입니다.

엄마가 생각하는 아이의 꿈은 남의 눈에 근사해 보이는 세상의 잣대일 것입니다. 하지만 아이가 좋아하는 강점은 수많은 좌절 속에서도 꿋꿋이 버틸 수 있는 끈기입니다.

'버티는 자가 성공한다'는 말처럼 좋아해야 버틸 수 있고 한 단계씩 올라가야 그 분야에 전문가가 될 수 있습니다. 엄마는 너무 조급하게 세상이 원하는 꿈을 좇게 하지 말고 아이가 정말 사랑하는 나만의 'only one', 그 길로 떠나도록 응원해 주세요.

4. 믿고 기다려주세요

"엄마 도움이 필요하면 이야기해 줘."
아이 스스로 문제를 풀기 바랄 때

학교에서 돌아온 정인이가 친구와 다투었다며 속상해합니다. 아이들은 그렇게 티격태격하면서 친구가 되니 금방 괜찮아지겠지 했는데, 정인이는 자기 방에서 계속 짜증을 내고 있습니다. 얼른 숙제하고 학원 가면 좋겠는데 숙제는 하지 않고 쓸데없는 고민이나 하니 한심하게 느껴집니다. '에구, 저러다가 학원까지 늦겠다' 걱정하며 정인이를 설득합니다.

"정인아, 네가 지금 아무리 고민해도 소용없어. 친구와 다퉜다고 뭘 그렇게 고민해? 내일 친구한테 속상한 네 마음을 말하면 되겠네."

이렇게 말해도 아무 대답이 없으니 저는 더 답답해 짜증 섞인 목소리로 훈계합니다.

“정인아! 그냥 무시해. 친구는 아무 신경 안 쓰는데 왜 너 혼자 신경을 써? 그러다가 학원 가서 수업 집중 못하고 계속 그 생각만 할 거니?”

엄마가 보기에는 별문제도 아닌데 고민하고 신경 쓰는 아이가 답답합니다. 제가 재촉하니 정인이는 할 수 없이 속마음을 터놓습니다.

“나는 아무리 생각해도 지수가 나한테 왜 화났는지 모르겠어. 나도 완전 짜증 나.”

“정인아, 그냥 내일 가서 지수랑 이야기하고 풀어. 그리고 친구가 지수밖에 없는 것도 아니고 뭘 그렇게 신경 써? 신경 쓰지 말고 어서 숙제나 해.”

결국 엄마는 고민하는 아이에게 ‘너는 고작 그런 문제 가지고 뭘 심각하게 고민해?’라고 종결짓습니다.

아이들이 다투는 경우 엄마는 심판이나 해결사 역할을 합니다. 누가 더 잘했고 누가 더 잘못했는지 판단하죠. 아이들은 친구와의 문제를 스스로 해결하다 보면 좀 더 책임감 있고 독립적으로 성숙하게 됩니다. 아이가 엄마에게 원하는 것은 누가 잘했고 누가 잘못했는지를 판단하는 것이 아니라 자기 감정을 공감해 주고 더 좋은 대안을 찾는 것입니다.

엄마가 다툼에서 심판을 내린다면 아이들은 이 문제의 책임자는 엄마라고 생각합니다. 엄마가 해결사로 나서면 아이는 앞으로 생기는 갈등을 스스로 해결하려 하지 않고 늘 문제가 생길 때마다 엄마에게 떠넘길 것입니다. 성인이 되어도 문제가 생기면 권위 있는 사람이 해결해 주길 바랄 것이고 그 결과 잘못되면 부모의 탓으로 돌릴 것입니다. 아이들의 다툼은 스스로 해결할 수 있는 문제입니다. 또 어떤 다툼은 그저 아이가 자신의 감정을 엄마에게 하소연하고 싶은 것일 수도 있습니다. 그런데 이 하소연을 듣고 엄마가 해결사를 자처하며 판결을 내리려 한다면 더 안 좋은 상황으로 빠져듭니다.

반면 어떤 문제는 아이에게 큰 상처를 주거나 정신적 피해를 줄 수 있습니다. 그럴 때는 엄마가 해결해 주어야 합니다. 그러기 위해서 엄마는 갈등에 직접 개입하지 않고 아이가 자신의 감정을 이야기하도록 허용적인 분위기를 만들고 적극적으로 듣습니다. 아이들은 자기들만의 문제 해결책을 찾기도 합니다. 이 과정에서 서로 의견을 조율하거나 다른 방법을 제시할 수도 있습니다. 사춘기 형의 방에 들어오는 동생에게 "형이 학원에 있는 동안에는 들어와도 괜찮아"라고 제시할 수도 있고 "형이 네 방에 가서 함께 게임을 할게"라고 할 수도 있습니다. 아이들은 충분한 문제 해결 능력을 가지고 있습니다. 엄마가 해야 할 역할은 적극적으로 아이의 이야기를 듣고 아이가 문제를 해결할 수 있도록 의견을 제시하는 것입니다.

기다림의 가치를 아는 엄마는 아이가 친구와의 문제를 스스로 해결하도록 믿고 기다립니다. 그러다가 아이가 도움을 요청하면 그때 함께 해결책을 찾습니다.

"정인아, 엄마 도움이 필요하면 이야기해 줘. 우리 함께 의논해 보자."

아이는 스스로 생각이 정리되어 의논하고 싶을 때 엄마에게 도움을 청합니다.

"엄마, 지수가 나와 같이 하기 싫대. 지수가 왜 화를 냈는지 잘 모르겠어."

"그래, 친구가 화를 내면 정말 많이 걱정되지, 당연해."

"그런데 지수가 화낸 것보다 지수와 멀어질까 봐 그게 더 걱정이 돼. 나는 지수와 제일 친한데 멀어지면 어쩌지."

청소년기의 아이들은 친구와의 문제 자체보다 친구가 멀어지는 것이 가장 두렵습니다. 문제야 해결하면 되고 잘못한 부분은 사과하면 되지만 친구가 나를 싫어하고 멀어진다는 것은 정말 끔찍하게 두렵거든요. 그래서 먼저 아이의 두려운 감정에 대해 공감해 주고, 그 후에 독립된 한 사람으로 성장하는 것에 대해 이야기해 주세요. 꼭 내 잘못이 아니더라도 친구가 나와 거리를 두고 싶을 때, 혼자 있고 싶을 때의 순간도 존중해 줘야 해요. 우리는 친구를 좋아하지만 나 혼자 해야 할 일이 있고 혼자만의 시간을 갖고 싶기도 하잖아요. 대부분의 성공한 사람들은 청소년기에 독립적이에요. 청소년기가 자아정체성을 찾는 시기이기 때문입니다. 이 과정을 통해 긍정적인 가치관을 갖는 사람이 되니 당연히 독립적인 시간이 필요합니다.

친구와 생각과 관심사가 달라 갈등이 생길 수도 있지만 친구들에게 맞설 필요는 없어요. 또 친구가 내 관심 분야에 관심이 없을 수도 있기에 이럴 때 상처받지 말아야 해요. 이 시기에는 친구와 함께 즐길 수 있는 분야가 아니라 내가 정말 원하는 것을 찾아야 하고, 때로는 친구의 외면도 당당하게 견딜 수 있는 자신감이 필요해요.

엄마가 정확히 아이의 마음을 짚어주면 '맞아, 엄마. 내가 지금 그게 고민이야' 하며 고개를 끄덕입니다. 그런데 때는 이때다 싶어 아이의 고민을 엄마가 종결지어 버립니다. 아이 스스로 고민하고 문제를 해결하도록 참고 기다려 보세요. 아이 스스로 해답을 찾아 엄마에게 이야기합니다.

"엄마, 내가 지수에게 서운하게 한 게 무엇인지 고민해 보려고, 그리고 지수에게 이야기할래."

"그래, 지수에게 너의 마음을 말해보는 것도 좋겠네."

"내일 학교 가면 내가 지수에게 문자 보낼까? 나는 먼저 말하는 게 좀 쑥스럽거든."

아이는 자신만의 대안을 제시하며 문제를 풀어갑니다.

"우리 정인이가 지수와 화해하기 위해 노력하는구나. 친구 문제라 더 고민이 많지."

엄마가 스스로 해결하려는 아이를 격려해 준다면 이 과정을 통해 다른 고민도 스스로 해결할 수 있는 힘이 생길 것입니다. 아이들 역시 스스로 고민하고 문제를 해결한다면 시간과 노력은 들더라도 결국 스스로 문제를 풀 것입니다. 아이를 기다리지 못하고 쓸데없는 훈계와 설득으로 얼른 해결해 주려는 것이 엄마의 가장 큰 실수입니다.

저도 처음에는 정인이가 친구 문제로 고민하지 말고 자기 할 일을 하기 바랐습니다.

"정인아, 고민하지 말고 네가 먼저 미안하다고 해. 원래 지는 게 이기는 거야, 이제 고민 그만해."

엄마가 이렇게 말하는 이유는 별것도 아닌 친구 문제로 고민하고 신경 쓰는 아이를 보는 것이 속상하고 우왕좌왕하는 모습이 답답하기 때문입니다. 그러나 아이의 문제를 해결해 주는 것보다 더 어려운 것은 아이를 믿고 기다리는 엄마의 인내입니다.

번데기에서 나방이 나오려 안간힘을 씁니다. 작은 구멍으로 빠져나오려 안간힘을 쓰는 나방이 너무도 불쌍해서 그 구멍을 크게 만들어 주었습니다. 그것이 사랑하는 나방을 위한 일이라고 생각한 것이죠. 그러나 힘을 들이지 않고 쉽게 큰 구멍을 빠져나온 나방은 결국 날지 못하고 죽게 됩니다.

사랑하는 아이가 힘들어할까 봐 엄마가 문제를 해결해 준다면 쉽게 나온 나방처럼 아이는 스스로 문제를 풀지 못하고 엄마만 바라볼 것입니다. 아이가 고민할 때 엄마는 '해답'이 아니라 '기다림'을 선택해야 합니다.

아이가 친구에게 휩쓸리지 않고 스스로 문제를 풀 수 있도록 도움을 주고 싶다면 이렇게 해보세요.

첫째, 혼자 있는 시간도 중요하다는 것을 말해주세요.

친구들과 함께 어울리는 것도 중요하지만 자신만의 시간을 갖고, 자기가 좋아하는 것에 몰두하는 독립적인 사람은 정말 멋지다는 것을 알려주세요. 친구의 말이나 행동에 휩쓸리지 않고 나만의 시간을 갖는 자신을 자랑스럽게 생각하도록 해주세요. 독립적인 사람은 친구와도 잘 어울리고, 혼자 있을 때도 시간을 잘 보낸답니다.

둘째, 아이가 문제를 스스로 해결할 때까지 지켜봐 주세요.

'엄마는 네가 고민하고 해결할 거라고 믿어.' 믿음을 가지고 인내로 지켜봐 주세요. 대개의 문제는 아이 스스로 해결하도록 하고, 엄마가 꼭 개입해야 하는 경우에는 그 부분만 도움을 주면 됩니다.

셋째, 아이가 도움을 요청할 때 함께 문제를 풀어주세요.

도움을 요청하지 않는다고 '도대체 언제까지 기다려야 하는 거야'라는 푸념 대신 '엄마의 도움이 필요하면 언제든지 이야기해'라고 미리 말해주고 기다립니다. 또 잘못된 부분이 있다면 지적해 주어야 해요. 이것이 성숙한 엄마의 모습이거든요.

넷째, 아이의 선택과 결정에 힘을 실어주세요.

앞으로 수많은 문제를 맞이하게 될 아이를 위해 스스로의 선택과 결정을 격려해 줍니다. "우와! 정인이가 정말 많이 고민했구나! 어떻게 그런 생각을 했어?" 격려와 힘을 실어준다면 아이는 스스로 문제를 해결하려고 최선을 다할 것입니다.

아이는 성장하면서 열두 고개 수수께끼처럼 많은 문제를 만나게 됩니다. 엄마가 개입할수록 아이는 앞으로 만날 수많은 문제를 미루게 될 것입니다. 심지어는 문제가 있을 때마다 무조건 엄마에게 매달릴지도 모릅니다.

아이를 믿고 기다리는 것이 문제를 해결해 주는 것보다 더 어렵지만 아이 스스로 좌충우돌하며 한 고개 한 고개 넘어설 수 있도록 아이를 믿고 기다려 주세요. 그게 진정한 엄마의 역할입니다.

5. 일방통행을 멈춰주세요

"네가 좋아하는 것들을 잘 살펴봐." 아이의 강점을 찾아주고 싶을 때

정인이와 승현이가 어렸을 때 무려 8년 동안 박물관, 미술관, 음악회에 데리고 다녔습니다. 아니 정확히 말하면 강요 속에 끌고 다녔다는 표현이 맞습니다. 어릴 적 앨범 속에 아이들을 보니 대부분 박물관과 미술관 앞에서 무표정을 하고 있더군요. 박물관 기획전이라도 하면 저는 집에서부터 단단히 엄포를 놓습니다.

"정인아, 이번 그리스전이 울산에서 열리는 게 얼마나 행운인 줄 아니? 그러니 꼼꼼히 봐, 알았지?"

저의 강압적인 말에 정인이는 시큰둥했습니다.

"유명하면 뭐해. 나는 관심 없는데 엄마는 그게 좋아?"

저는 절대 지지 않고 다시 한번 단단히 말했습니다.

"얼마나 유명하면 울산에서 기획전을 하겠니? 이런 걸 볼 수 있는 건 행운이야."

저는 서울, 강릉, 심지어 해외까지 아이들을 데리고 다녔습니다. 에디슨박물관에 가면 에디슨의 축음기로 음악을 감상할 수 있습니다.

"정인아, 에디슨의 축음기 소리 좀 들어봐, 정말 신기하지?"

아이들은 못 이기는 척 제 이야기를 듣는 척했습니다. 오늘도 음악회 갈 준비로 분주한데 정인이가 가기 싫다고 짜증을 냅니다.

"엄마, 나는 세상에서 제일 싫은 게 박물관이랑 음악회야. 난 콘서트라면 몰라도 클래식은 싫어."

저는 화가 나서 정인이를 혼냈습니다.

"쓸데없는 소리 하지 말고 어서 갈 준비나 해."

그런데 승현이는 한 술 더 떠서 말했습니다.

"나도 가기 싫어. 그만큼 좋으면 엄마 혼자 갔다 와. 우린 집에 있을게."

이제 컸다고 그동안 억지로 따라다녔다고 솔직하게 이야기하네요.

순간 힘이 풀리고 눈물이 났습니다. 정말 이러다가 큰일 나겠다 싶어 그날 이후로 미술관과 박물관 관람을 강요하지 않았습니다. 그날 이후 숙제처럼 다니던 미술관과 박물관에 가지 않으면서 길고 길던 미술관 대장정은 마무리되었습니다.

정인이는 어릴 때부터 그림책과 크레파스를 가지고 놀았고 그림도 잘 그렸습니다. 미술 대회에서 큰 상도 받았습니다. 승현이는 색감이 뛰어나고 그림의 표현력도 남달랐습니다. 저는 엄마란 아이의 재능을 잘 개발해 줘야 한다고 생각했고 그래서 미술학원 대신 박물관, 미술관, 공연장에 데리고 다니며 남다른 감각을 키워주었다고 자부했습니다. 아이의 미래 직업도 대신 결정해서 박물관 큐레이터로 정했으니 이 얼마나 과한 욕심일까요? 정인이가 고등학생이 될 때까지 미련을 버리지 못하고 생활기록부의 장래희망이 큐레이터였습니다.

엄마의 욕심은 아이들을 변하게 만들었습니다. 박물관에 도착하면 배가 아프다고 화장실을 들락거리며 제대로 된 감상은 하지 않고 전시물을 쓱 눈으로 스치기만 했습니다. 심지어는 몰래 전시물을 때렸습니다. 저는 제대로 안 본 것을 다시 보게 하고 싶어 천천히 해설서까지 비교해 가며 설명해 주었습니다. 아이들은 처음에는 엄마의 성화에 못 이겨 잘 보는 척 했지만 나중에는 점점 핑계를 댔습니다. 저는 그림을 제대로 감상해야 한다고 거듭 강조했고 관람 후에는 작품에 대해 '어땠니?' 하고 꼭 확인했습니다.

"정인아, 어떤 작품이 기억에 남아? 어떤 느낌이 들었어?"

이런 질문 공세에 정인이는 해설서를 얼른 외워 이야기했고 승현이는 귀찮은 듯 외면했습니다.

"몰라, 다 좋아. 자꾸 묻지 마."

아이의 재능을 발견하려면 사춘기 이전에 다양한 활동을 통해 성공의 경험을 느끼게 해야 합니다. 이런 성공의 경험은 5~8세 때 주도성을 지나 6~12세 때 근면성을 거쳐 사회적, 학업적 기술을 배우는 데 보탬이 됩니다. 또 다른 사람과 자신을 비교하게 되고 자신이 잘하는 것에 대한 확신을 갖게 됩니다. 친구와 비교해서 열등감을 느끼게 되고 좌절도 맛보게 되죠. 이런 과정을 통해 청소년기에는 자신에 대해 고민을 하게 됩니다. 남이 잘하는 것이 아니라 내가 정말 좋아하고 잘하는 것이 무엇인지 고민하게 되죠. 그래서 청소년기를 질풍노도의 시기라고 하는 것입니다. 아이에게 좋아하는 것이 생기고, 자기가 하는 일에 자부심을 느낀다면 그것이 바로 강점인 셈이죠.

모든 것을 다 잘하고 싶어 지나치게 욕심을 내면 아이들은 하나도 제대로 끝내지 못할 수도 있습니다. 이렇게 되면 나는 특별히 잘하는 것도, 재능도 없다는 생각을 계속해서 자아존중감이 떨어지게 됩니다. 그리고 새로운 일을 시도할 때마다 그것이 본인에게 흥미로운 일일지 생각하는 것이 아니라 잘 해내지 못할까 봐 걱정이 앞서게 됩니다. 그래서 새로운 시도를 두려워하게 됩니다.

만약 아이에게 좋은 것을 주고 싶다면 엄마는 아주 구체적으로 아이가 자신감을 갖고 좋아하는 일을 찾도록 도와주어야 해요.

먼저 관심 목록을 만들어 보세요. 좋아하는 것을 한눈에 확인할 수 있게 시각적인 효과를 주는 것도 좋습니다. 또 관심 목록에 있는 일을 할 때 자신이 어떤 감정을 느끼는지, 어떤 결과가 나오는지를 함께 이야기해 보고 한 권의 노트에 정리하는 것도 좋습니다. 어른들이 잘한다고 해서 잘하는 것과 내가 정말 좋아해서 좋은 효과가 나는 것은 다르거든요. 아이들은 익숙하고 칭찬받았던 활동을 잘하는 것이라고 착각하기도 해요. 그래서 내가 하는 활동을 잘 분석할 필요가 있습니다.

관심 목록에 대해 이야기를 하다 보면 청소년기에 가장 중요한 자아정체성을 알게 됩니다. 나에게 가장 잘 어울릴 것 같은 직업을 찾기도 하고, 엉뚱한 신종 직업을 발견하기도 합니다. 내가 좋아하는 것과 나의 감정을 계속 노트에 적어 나가다 보면 나를 발견하게 된답니다. 그래서 이때는 엄마가 아이와 관심활동을 찾아보고 아이가 충분히 고민하고 이야기할 수 있도록 도와주어야 해요. 이제는 엄마가 아니라 아이가 가고 싶다는 곳으로 여행도 가고 아이가 관심 있는 공연장과 식당도 가보세요. 다양한 활동이 아이가 원하는 꿈의 방향으로 안내해 줄 거예요.

저는 '콩에 물을 주면 지금 당장은 아니지만 언젠가 쑥쑥 자라

콩나물이 되겠지' 하는 마음으로 아이들을 다그쳤습니다. 아이들이 미술에 재능이 있다는 이유만으로 두 아이의 직업, 다양한 감각과 감성까지 강요했습니다.

승현이는 운동과 관련된 디자인에 관심을 보이며 제게 말했습니다. "엄마, 운동선수도 참 멋지지만 그 선수만을 위한 옷을 디자인하는 사람들도 멋져. 그 선수가 가장 공을 잘 차고 가장 잘 달리도록 옷과 신발을 만드는 거잖아. 그건 그 선수와 함께 경기를 하는 것과 같아."

'어머, 우리 아들이 이런 생각도 하다니!' 순간 나도 모르게 아이에게 얼굴을 들이밀며 기회를 놓치지 않았습니다.

"멋진 생각이네, 바로 그거야. 그러니까 엄마가 너 미술관 데리고 다닌 이유가 바로 그거잖아."

"아니 엄마, 나는 그게 아니라, 나는 미술관은 재미없다니까."

"박물관과 미술관을 많이 다녀야 축구 디자인을 할 수 있는 거야, 알겠어?"

"몰라! 그럼 난 안 해. 이제 엄마와 말하기 싫어!"

성장 과정에서 아이들은 다양한 경험을 해야 합니다. 일류로 인정받는 사람들은 끊임없는 노력이 성공의 지름길이라고 말합니다. 자신의 능력에 대한 믿음인 자아효능감은 자신을 믿는 학습으로 습득됩니다.

성공하기 위해서가 아니라 자기가 좋아하는 일을 찾은 후 그 일을 지속적으로 하기 위해서는 수많은 인내와 노력이 필요합니다. 그래서 우리는 자아효능감을 느낄 수 있는 일을 하라고 합니다.

타고난 재능보다는 노력과 연습이 성공의 열쇠라는 점을 안다면 아이들은 그 분야에서 모험을 마다하지 않을 것입니다. 아이가 재능이 있다고 엄마 혼자 일방통행으로 밀어붙이면 아이는 엄마를 싫어하고 마음의 문을 닫습니다. 아이들은 직업을 얻기 위해 태어난 것이 아니잖아요. 대화 없이 아이의 의견을 존중하지 않고 일방통행만 한다면 아이도 방문을 꼭 닫고 엄마를 외면할 것입니다.

저는 많은 시행착오를 겪은 후 아이들과 일방통행인 대화를 그만두고 조금 천천히 돌아가기로 결심했습니다. 하지만 제가 더 늦었더라면 마음을 터놓는 대화를 기대하기 어려웠을 것입니다. 꼭 무엇이 되어야 한다는 목적으로 밀어붙이지 않고 아이들을 존중해 주니 제 아이들은 자신이 원하는 것을 서서히 찾고 있습니다.

6. 멈춰서 돌아보세요

"아들, 뭐하니?"
아이의 닫힌 방문을 바라볼 때

내 손은 하루종일 바빴지

그래서 네가 함께 하자고 부탁한 작은 놀이들을

함께 할 만큼 시간이 많지 않았다.

너와 함께 보낼 시간이 내겐 많지 않았어.

난 네 옷들을 빨아야 했고, 바느질도 하고, 요리도 해야 했지.

네가 그림책을 가져와 함께 읽자고 할 때마다

난 말했다.

"조금 있다가 하자, 얘야."

밤마다 난 너에게 이불을 끌어당겨 주고,

네 기도를 들은 다음 불을 꺼주었다.
그리고 발끝으로 걸어 조용히 문을 닫고 나왔지.
난 언제나 좀 더 네 곁에 있고 싶었다.

인생이 짧고, 세월이 쏜살같이 흘러갔기 때문에
한 어린 소년은 너무도 빨리 커버렸지.
그 아인 더 이상 내 곁에 있지 않으며
자신의 소중한 비밀을 내게 털어놓지도 않는다.

그림책들은 치워져 있고
이젠 함께 할 놀이들도 없지.
잘 자라는 입맞춤도 없고, 기도를 들을 수도 없다.
그 모든 것들은 어제의 세월 속에 묻혀 버렸다.

한때는 늘 바빴던 내 두 손은
이제 아무것도 할 일이 없다.
하루하루가 너무도 길고
시간을 보낼 만한 일도 많지 않지.
다시 그때로 돌아가, 네가 함께 놀아 달라던
그 작은 놀이들을 할 수만 있다면.

작자 미상의 〈성장한 아들에게〉라는 시입니다. 바쁜 엄마는 아이가 놀자고 하면 "아들, 엄마가 다음에 해줄게. 엄마는 지금 너무 바쁘고 힘들단다" 아이가 그림책을 가져와 함께 읽자고 할 때마다 "조금 있다가 하자. 얘야"라며 미루었습니다.

어느 날 아이는 훌쩍 자라 더 이상 엄마를 찾지 않고 자신의 비밀도 털어놓지 않습니다. 아이가 엄마를 더 이상 찾지 않을 때 너무 바빴던 엄마의 두 손에는 아무것도 남아 있지 않겠죠. 이제 엄마는 하루가 너무 길어 힘겹기만 합니다. 다시 그때로 돌아가 사랑하는 아이와 함께했던 일들을 다시 할 수만 있다면 얼마나 좋을까요? 그때 하자고 했던 그 놀이를 다시 할 수 있다면 얼마나 좋을까요? '다시 그때로 돌아간다면' '만약 그때로 돌아간다면' 하고 바라지만 절대 이루어질 수 없는 후회뿐입니다.

저는 아이들이 어릴 때 이 시를 냉장고에 붙여놓았습니다. 이 시를 보면서 가끔은 멈춰 서서 아이와 함께하는 시간이 얼마나 소중한 것인지 알게 됩니다. 저는 아이를 키울 때 제일 많이 했던 말이 '바쁘다' '힘들다' '다음에'였습니다. 특히 '다음에'가 가장 많았는데 정말 다음에 아이와 즐겁게 놀고 싶었지만 아이는 어느 날 훌쩍 자라 엄마와 놀기를 원치 않았습니다. 늘 바빴던 엄마의 시간은 쏜살같이 지나가고 아이는 너무 빨리 커버렸습니다. 엄마는 어느 날 아이가 엄마 곁을 떠난다는 것을 알지 못합니다. '정말 아이들이 이렇게 빨리 클까? 이 힘들고 바쁜 양육의 시간들이 지나갈까? 나에게도 혼자만의 여유 있는 시간이 찾아올까?'라는 생각을 하며 미래에 다가올 시간을 기다리지요.

정인이가 6세 때 높이가 700m인 문수산에 함께 올라갔습니다. 정상에서 땀을 식히며 시원한 바람과 휴식을 취했습니다. 제 바로 옆자리에 아빠와 사춘기 아들이 도시락을 먹으며 도란도란 이야기를 나누고 있었습니다. 저는 아이가 언제 커서 저렇게 대화를 할까 싶어 부러운 눈으로 바라보았습니다.

어쩌다 이야기를 나누게 되었는데 아직도 그분이 하셨던 말씀이 기억에 남습니다. "내가 얼마나 공들였는지 알아요? 내가 커서 제일 싫었던 것이 어릴 때 그렇게 자전거 가르쳐달라, 야구 해달라 해도 안 놀아주던 아버지가 내가 사춘기가 되어 혼자 있고 싶을 때가 되어서야 이야기하고 싶어 하는 거였어요. 그래서 나는 아이가 어릴 때부터 아이와 많은 시간을 보내려 노력했어요. 등산도 가고 맛있는 것도 먹고 이런저런 이야기도 해요. 그러니 이만큼 커도 아빠랑 친구처럼 잘 다니지요. 애기 엄마도 지금부터 꾸준히 아이와 함께 무엇이든 해봐요."

저는 그때 그 아빠의 말을 실감하지 못했습니다. 아이가 커도 엄마에게 볼을 비비고 껌딱지처럼 따라다닐 줄 알았습니다.

아직도 저는 목욕탕 생각을 하면 정인이에게 미안해집니다. 저의 소소한 낙은 목욕탕에 가는 것인데 정인이는 제가 목욕탕에 간다고만 하면 자기가 앞장을 섰습니다. 목욕탕에서 아이가 다치지 않을까 살펴야 했기에 아이와 함께 목욕탕 가는 것이 귀찮았습니다. 그런데 6학년이 된 후 정인이는 더 이상 저와 목욕탕에 가지 않으려 했습니다. 그래서 요즘은 정말 어쩌다 같이 목욕탕 가자고 하면 저는 아이처럼 신나합니다. 목욕탕에서 저는 그냥 아이가 원하는 대로 해줍니다. 아이의 목욕 속도에 맞추고 목욕 후 아주 소소한 둘만의 데이트도 합니다. 이제 저는 정인이와 함께하는 시간이 얼마나 소중한지를 알고 있기 때문입니다.

저는 매일 전쟁을 치르듯 일을 했습니다. 일도 너무 많고 하고 싶은 프로젝트도 너무 많고 공부하고 싶은 분야도 많았습니다. 집에 오면 녹초가 되어 현관문을 열고 들어서면 소파에 앉아 멍하니 TV를 보는 것이 저의 유일한 휴식이었습니다. 하지만 전쟁을 치르고 들어온 엄마를 이해하는 아이는 없었습니다. 주말이면 아이들을 박물관, 미술관, 공연장에 데리고 가고, 밀린 일들과 해야 할 일들로 머릿속은 너무 복잡했고, 아이들과 놀아주기는커녕 에너지가 바닥난 엄마의 모습만 보여주었습니다.

아이는 엄마에게 매달리고 자기가 좋아하는 놀이를 함께하기를 바라며 조잘조잘 이야기를 했지만 저는 멍한 표정으로 대답을 놓치곤 했습니다.

"엄마는 매일 일만 해."

"엄마는 일만 하는 사람 같아."

"엄마는 일이 더 중요하지?"라는 말을 들었을 때 정신이 번쩍 들었습니다.

엄마의 손길이 더 필요하지 않은 나이가 되니 아이들에게 엄마는 '일이 더 중요한 사람'으로 각인되었습니다. 아이들이 원하는 것은 그냥 놀이입니다. 부모의 삶은 결과를 내야 하지만 아이들은 그저 엄마와 함께 노는 시간을 통해 엄마의 사랑을 배우고 마음을 들여다볼 수 있습니다. 거창한 것이 아니라 아이들과 매일 매일 함께하는 일상을 공유하세요. 이런 모습으로 어느 순간 부모의 삶이 아이에게 자연스럽게 스며듭니다.

아들은 글을 떼는 것이 늦어 어릴 때부터 잠자기 전 동화책을 읽어줬는데 늘 아들보다 제가 먼저 곯아떨어졌습니다. 아들은 제 눈을 두 손가락으로 크게 벌렸습니다.

"엄마! 눈 감지 말고 어서 읽어."

그럼 저는 다시 몇 장 읽다 또 잠이 듭니다.

"엄마! 어서 책 읽어줘. 왜 자꾸 자?"

그런데 시간이 지나자 제가 열심히 읽어줘도 아들이 먼저 잠이 들었습니다. 결국 초등 6학년이 되어 책 읽어주기는 끝났습니다. 아이가 어릴 때는 엄마가 먼저 자고 그 후에는 아이가 먼저 자고…… 그렇게 동화책 읽기는 영영 끝나 버렸습니다.

아이는 정말 쏜살처럼 커버리고 더 이상 엄마를 찾지 않습니다. 아이들은 청소년기가 되면 자신에 대한 관심과 고민이 많습니다. 태어나서는 엄마 없이는 아무것도 할 수 없고 엄마가 돌봐주지 않으면 생명의 지장을 받지만 아이는 점점 자라 내가 원하는 것을 할 수 있게 됩니다. 아이는 사회적, 학업적 기술을 배우게 되면서 자신이 잘하는 것에 대한 확신을 가지게 됩니다. 이런 주도성과 근면성의 시기를 거치면서 엄마의 도움보다는 자신에 대한 고민을 하며 한 사람으로 독립하게 된답니다. 그래서 이제는 엄마의 직접적인 도움이 아니라 정신적인 지지가 필요합니다. 아이가 나는 누구인지를 고민하듯이 청소년기의 아이를 둔 엄마는 나는 엄마로서 잘하고 있는지를 돌아봅니다. 하지만 아이의 방문은 서서히 닫히고 엄마와의 대화는 점점 줄어들고 어느 날 아이가 쏜살처럼 엄마 곁을 떠난다는 것을 기억해야 합니다.

아이가 엄마와 함께 무언가를 하자고 할 때 "당연하지, 엄마는 아들과 함께하는 시간이 가장 중요하지" "아들, 우리 뭐할까? 엄마는 기대되네" 하고 아이의 마음을 받아주고 사랑을 표현해 주어야 합니다.

이렇게 아이의 마음을 받아준다면 아이는 얼마나 행복할까요? 세상의 모든 엄마는 아이를 사랑하지만 아이가 쏜살같이 커버리고 또 더 이상 엄마를 찾지 않는다는 것을 알지 못하는 것 같습니다.

7. 소중함을 알아주세요

"너는 그 자체로 축복이야."
일상의 소중함을 잊을 때

저는 사춘기 때 친구들이 좋았고 친구 없이는 못 살 것 같았습니다. 친구들과의 무모한 약속도 의리라고 생각했습니다. 친구가 한 말 때문에 밤새 이불을 쓰고 울었던 날도 있고 친구들 앞에서 나를 창피 준 날은 친구에게 따지러 가겠다고 씩씩거리고 집을 나서기도 했습니다. 결국 오해로 끝나 잘 마무리했지만요.

저는 사춘기 때 엄마가 나이가 많고 시골 아줌마인 것이 싫었습니다. 지금 생각해 보면 나이보다는 엄마에게 내 마음을 말할 수 없었던 게 싫었던 것 같습니다. 엄마가 나를 밀어낸다고 생각했고 나에게 관심이 눈곱만큼도 없다고 생각했으니까요. 저는 중학교 2학년 때쯤 사춘기를 맞이했습니다. 시들시들 병든 닭처럼 방구석에 앉아 제 감정을 어찌해야 할지 몰랐습니다. 딱히 무슨 일이 있는 것이 아니니 엄마에게 말할 수도 없이 그냥 마음이 혼란스럽고 감정이 하루에도 수십 번씩 변했습니다.

"엄마, 있잖아. 지금 바빠?"

"왜, 무슨 일 있어? 뭐 필요해?"

"아니…… 그게 아니고 그냥."

"너 뭐 또 사고 친 거 아니야? 어서 말해. 나중에 들통나면 혼날 줄 알아."

"아, 짜증 나. 내가 무슨 사고만 쳐? 진짜 엄마는 이상해."

"할 말 없으면 저리 비켜."

저는 이렇게 몰아치는 감정을 어찌해야 할지 몰랐습니다. 폭풍 속에 막 빨려들어가는 기분, 허우적거려도 빠져나오기는커녕 더 빨려 들어가는 기분이었거든요. 결국 혼자 있는 시간들이 많아졌고 이런 감정을 느끼는 저 자신이 미웠습니다. 그리고 엄마는 나를 이해하지 못한다고 생각해 친구에게 의지를 많이 했습니다.

친구들에게 인기가 많은 아이들은 상냥하고, 성격도 정말 좋습니다. 그래서 주변에 친구들이 늘 같이 있고 싶어 하고 심한 경우 집착도 합니다. 가끔은 친구를 소유하고 싶어 다른 아이들을 헐뜯거나 말로 괴롭히기도 하죠. 심한 경우 자기들만의 공통점을 찾아 다른 친구를 왕따시키고 더 단단하게 결속하기도 합니다.

그때는 그것이 모두 옳다고 믿습니다. 청소년기는 아무리 옳은 말을 해도 엄마가 하는 말은 잔소리, 친구가 하는 말을 나를 위한 조언이라고 생각하거든요.

간혹 술을 마시거나 담배를 피우거나 친구를 괴롭히는 일에 동참하기도 합니다. 머리로는 그것이 나쁘다는 것을 알면서도 친구들과 함께하는 것이니 괜찮다고 생각합니다. 이렇게 친구들과 휩쓸리는 경우가 많아지면 더 이상 빠져나오기 힘듭니다. '친구 따라 강남 간다'는 말처럼 맹목적으로 친구들과 어울리는 것입니다. 이때는 옳고 그른 것보다 내가 좋아하는 친구에게 소외되는 것이 더 두렵고 무섭거든요.

아이들은 이때 무엇보다 인기를 얻는 것이 중요합니다. 친구들과 함께 어울리려고 하고 엄마에게 말대꾸를 하고 몸으로 대들기도 해요. 이런 아이를 보면 엄마는 충격에 빠져 점점 더 강압적으로 아이를 제지하고 통제하려고 할 것입니다. 자신의 행동을 제지하고 야단치는 엄마에게 아이는 마음의 문과 방문을 더 굳게 닫아버립니다.

청소년기에 친구란 너무도 소중하고 중요한 존재지만 꼭 친구가 많아야만 하는 것은 아닙니다. 자신이 좋아하고 잘하는 일에 충실하다면 꼭 친구가 많지 않아도 됩니다. 혼자서도 충분하다는 것을 아이가 서서히 느끼게 해주세요. 혼자만의 시간을 갖는 독립적인 사람이 되었을 때 주변에 자연스럽게 친구들이 몰려들게 됩니다. 다른 사람의 말과 행동에 휘둘리지 않는 중심을 가진 아이가 된다면 나와 맞지 않는 친구를 만드는 것에 정신적인 에너지를 몽땅 쏟아붓지 않고 스스로 생각하고 자유롭게 결정하고 행동하게 되거든요.

그런데 아이에게는 혼자만의 시간을 갖기가 쉽지 않습니다. 엄마가 혼자만의 시간을 갖는 것을 보여주세요. 엄마가 혼자만의 시간을 즐기고 몰입할 때 아이도 자신이 좋아하는 것을 통해 자신에게 몰입합니다.

우리 아이들의 사춘기를 들여다보았습니다. 사춘기인 두 아이를 보니 잘 알고 있다고 생각한 아이들이 전혀 모르는 사람 같습니다.

몇 년 전 신문에서 어느 외고 학생의 마지막 한 마디가 실린 적이 있습니다.

'이제 됐어?'

전교 1등을 한 후 엄마에게 '이제 됐어?'라는 말을 남기고 하늘의 별이 된 아이입니다. 전교 15등을 하고 학원에서 새벽 2시까지 공부하고 온 날, 엄마는 성적표를 보고 아이를 혼냈습니다.

"너한테 들어간 학원비가 얼마인데 이것밖에 못해?"

다음 날부터 학원 시간은 새벽 3시까지 늘어났고 언제쯤이면

'엄마는 됐다. 이제 됐다고 하실까?' 생각하던 아이는 결국 전교 1등을 한 후 엄마에게 이 말 한 마디만 남기고 엄마 곁을 떠났습니다.

아이들은 친구들과 게임을 하고 작은 고민으로도 몇 시간을 수다를 떨고 무슨 고민이 그렇게 많은지 울고 화내고 짜증 냅니다. 친구와 노는 것이 가장 신나는 아이에게 엄마들은 말합니다.

"다 너를 위해서야. 엄마가 이러고 싶어서 이러겠니? 다 너 잘되라고 하는 이야기야!"

이 말을 의심하지 않지만, 아이들은 도대체 끝이 어디인지 모르고 달려야 하는 이 순간이 너무 힘겹습니다. 견뎌보려 하지만 견딜 수가 없고 감당하기가 힘든 막막한 느낌이 들어 도대체 어디로 가야 할지 모릅니다.

"그렇게 힘들면 엄마에게 말해."

"네가 힘든 걸 엄마한테 말해야 도와주지."

엄마는 아이를 이해하는 것처럼 말하지만 엄마의 관심은 오직 아이를 공부 잘하는 자랑거리로 만드는 것에 있는 건 아닌지요. 엄마가 아무리 이해한다고 말해도 아이의 마음을 잘 모르고 이해하는 척하는 엄마에게 아이는 할 말이 없습니다. 엄마가 되고 나니 아이 그 자체가 축복이라는 마음을 자꾸 잊게 됩니다. 무엇을 하지 않아도 그냥 건강하게 함께 밥을 먹고 함께 일상을 보내는 그 자체가 축복임을 잊지 않아야 합니다. 저는 엄마에게 '이제 됐어?' 한 마디만 남긴 아이의 마음을 잊지 않으려고 합니다. 그렇기에 고등학생 딸과의 일상이 감사할 뿐입니다.

세월호의 그날을 떠올립니다. 4월 16일, 잊지 못할 그날. 4월 16일이라는 말만 들어도 방방 뛰며 신나게 떠나는 아이들의 모습, 좀 더 못 챙겨 주지 못해 미안한 부모들의 마음, 친구들하고 좋은 추억을 쌓겠지 싶어 부모도 들떠 있던 그날의 공기를 마시는 것 같습니다.

"세월호가 바다가 아닌 산에 빠졌다면 나는 산에 있는 흙을 다 파서라도 내 딸을 찾았을 것입니다. 바닷물을 다 퍼서라도 내 딸을 찾고 싶습니다."

故 허다윤 양 엄마의 말입니다. '우리 딸 이름 앞에 故가 붙는 것은 엄마로서 도저히 들을 수 없다'는 말에 우리는 함께 울었습니다.

아이들은 온 우주에서 하나밖에 없는 소중한 존재로 엄마 아빠의 사랑을 받으며 행복하기 위해 태어났습니다. 그런데 부모들은 그 소중함을 자주 잊어버리고 공부 못한다고 아이를 비난합니다.

"네가 뭐가 되려고 그러니? 너는 생각이 있니! 없니!"

"하라는 공부는 안 하고 도대체 어디에 정신을 두고 다니니?"

"엄마가 너 원하는 거 다 해줬는데 뭐가 부족해서 그래? 그 성적으로 어딜 가겠니?"

비난을 퍼붓는 엄마에게 이 말을 건네고 싶습니다. 우주에서 하나밖에 없는 존귀한 존재인 우리 아이는 자기 모습으로 멋지게 꿈을 꾸며 사랑받고 살고 싶어 이 세상에 온 것이라고요. 아이들은 행복하게 웃고 놀고 감당할 만큼의 시련도 겪고 친구와 싸우기도 하고 한 인간으로서 수없는 갈등을 겪으며 성장합니다.

아이들은 사춘기가 되면 어린아이처럼 어딘가 막 기대고 싶어 하다가도 관심을 가져주면 막 짜증을 내고, 엄마에게 하소연하고 싶다가도 정작 엄마가 관심을 가지면 신경질을 내기도 합니다. 아이가 이 폭풍 속에서 혼자 허우적거리지 않도록 엄마는 늘 '너는 소중한 존재야, 충분히 잘하고 있어, 우리 아들 언제나 언제까지나 사랑해'라는 메시지를 보내줘야 합니다.

엄마로서 아이를 마음대로 하겠다는 욕심은 당장 내려놓아야 합니다.

'우리 아이는 내가 제일 잘 아니까 내가 코치해야 해.'

이런 엄마의 욕심보다 우리 아이가 친구들과 어떻게 지내는지, 요즘 고민이 뭔지, 관심 있는 것이 무엇인지, 도전하고 싶은 게 뭔지 등에 대해 관심을 가져주세요. 이런 관심이 아이에게는 가장 필요한 것입니다.

아이는 엄마의 만족을 위해 살아가지 않습니다. '난 엄마가 너무 좋아'라는 말이 엄마가 받을 수 있는 최고의 훈장입니다. 아이의 방문이 닫히기 전에 우리가 들어야 할 말입니다. 엄마가 꼭 기억해야 할 것은 우리 아이가 행복하기 위해 태어난 사람이라는 사실입니다.

8. 도전하는 엄마

"엄마도 함께 공부할게."
공부에 지친 아이를 돕고 싶을 때

SBS 〈공부의 신〉, EBS 〈어느 아버지의 교과서〉 편에 소개된 화제의 아버지가 있습니다. 막노동을 하는 중졸 아빠가 두 아들을 서울대에 보낸 비결은 바로 아버지의 공부였습니다. 아버지는 난독증으로 글을 잘 읽고 쓰지 못하는 중졸 노동자입니다. 아이들은 게임 중독과 아토피로 고등학교에 진학하지 못했습니다. 오늘날 개천에서 용 난다는 말은 더 이상 통하지 않는다고들 합니다. 하지만 아빠가 EBS 방송을 보고 공부하고, 두 아들을 직접 가르쳐 서울대에 입학시킨 사연은 큰 화제가 되었습니다. 공부하는 아빠 노태권 씨는 이렇게 말합니다.

"나는 공부에 타고난 사람이 아니다. 아이들도 마찬가지다. 그저 아이들에게 관심을 쏟았고, 아이들이 어떤 공부를 해야 할지 충분히 고민했고 그 고민의 결과를 성실하게 행했을 뿐이다. 어쩌면 타고난 재능이 가장 필요 없는 영역이 공부일지도 모른다."

노태권 씨는 아이들과 함께 공부하면서 관심을 쏟고, 그것을 꾸준히 성실하게 실천한 것입니다. 아버지로서 아이들을 공부만 시킨 것이 아니라 2년간 온전히 아이들의 마음 열기에 지극정성을 다했습니다. 그렇게 꽁꽁 닫혔던 아이들의 마음은 열리는 순간 공부의 길도 열렸습니다. 만약 아이들 마음의 문이 열리지 않았다면 공부의 문은 절대 열 수 없을 것입니다. 설령 공부의 문이 열렸다 해도 마음의 문이 열리지 않으면 아이들은 공부하는 기계가 될 뿐입니다.

그러나 많은 엄마들은 이 사연을 보고도 그저 서울대에만 초점을 맞추며 EBS 공부 따라하기에 바쁩니다.

"EBS 방송만 듣고 공부해서 서울대 보냈대!"

"아빠가 아들 둘을 EBS로 공부시켜 서울대 보냈대!"

저는 중졸인 아빠가 두 아들을 서울대를 보낸 게 위대한 것이 아니라 아빠가 아이들의 마음을 얻은 것이 가장 위대한 일이라고 생각합니다.

청소년기 아이들은 많은 갈등이 있습니다. 어른들은 공부만 하면 되는데 뭐가 문제냐고 하지만 공부만 하는 것이 아이들에게는 가장 어려운 과제입니다. 그래서 열심히 공부하다가도 화가 나거나 속상하고 또 기분이 우울하거나 슬플 때가 있어요. 그럴 때 어떻게 풀 수 있는지를 엄마가 아이에게 알려주세요.

화가 난 감정을 엄마에게 말하게 하세요. 초등학교 때부터 이런 감정을 표현하는 데 익숙한 아이라면 잘 되겠지만 청소년기에 시작하려면 잘 안 될 거예요. 하지만 엄마가 자신의 감정을 수용해 준다면 편안하게 질풍노도의 감정을 터놓을 수 있어요. 아이가 화난 감정을 터놓을 때 엄마는 집중해서 잘 들어주어야 합니다. 그런 후에 충분히 진정되면 기분 전환 겸 카페에 가거나 아이가 좋아하는 음식을 해주는 것도 좋아요. 또 화가 나거나 우울한 감정이 들면 몸을 움직이는 방법을 이야기해 주세요. 베개를 쳐도 되고 소리를 지를 수 있는 공간이라면 그렇게 해도 된다고 하세요. 땀을 흘릴 수 있는 운동이 가장 좋으니 아이가 운동 또는 산책을 할 수 있도록 엄마가 함께 공원에 나가보는 것도 좋아요.

반려동물과 함께 놀 수 있는 시간을 주세요. 반려동물은 우리의 마음을 행복하게 하고 진정시켜 주곤 하니까요. 반려식물이 있다면 바라보기를 해도 좋아요. 요즘 아이들에게는 익숙하지 않지만 편지나 일기를 쓰는 것도 큰 도움이 된답니다. 이 모든 방법들은 이유 없이 화났던 감정, 그리고 복잡한 마음을 객관적으로 바라보고 공부에 지친 마음을 가라앉게 하는 효과가 있으니까요. 공부를 해야 한다는 것을 아이들을 알고 있지만 공부를 잘 하려면 공부로 인한 스트레스를 푸는 것도 중요해요. 이런 훈련이 잘

되면 아이는 더 빨리 회복하는 회복탄력성을 갖게 됩니다.

저는 대학 종강 수업 날 어떤 의미 있는 수업을 할까 고민하다 야간 학생들에게 뭔가 특별한 선물을 주고 싶었습니다. 그래서 '나의 50년 후 목표 설계해 보기'를 학생들과 함께했습니다. 제가 지금 45살이면, 55살, 65살, 75살, 85살, 95살…… 10년 단위로 꿈을 적는 것이었습니다.

저는 친정엄마가 돌아가신 후 꿈도 가치관도 바뀌었습니다. 저의 꿈은 45세까지 열심히 일하고 그 후에는 여행하며 즐겁게 사는 것이었습니다. 그런데 종이 위에 써놓은 45세부터 95세를 한참을 들여다보는데 문득 이런 생각이 들더군요. 45세 이후 '즐겁게 여행하면서 살자'라는 목표가 끝이었던 내가 과연 무엇을 할 수 있을까? 45세 이후에 아무 목표도 정해놓지 않았는데 그 상태로 50년을 아무것도 하고 싶거나 할 것이 없이 산다고 생각하니 끔찍했습니다. 그래서 55세, 65세, 75세, 85세, 95세에 하고 싶은 것을 위해 내가 배워야 할 공부를 하나씩 체크해 보았습니다. 그랬더니 저에게 꼭 필요한 것이 마음 공부와 비움 공부라는 생각이 들었습니다. 잡생각으로 가득한 머리를 비우고 감정노동을 줄이면서 인생에서 소중한 것과 많은 시간을 보내는 것이 중요했습니다. 그것을 위해 저는 명상과 기도를 선택했습니다. 그러나 그동안의 습관 때문인지 한순간에 변하기가 쉽지 않았습니다. 직장을 그만두면서 생활에 여유는 생겼지만 바쁘게 살던 습관은 변하지 않아 스스로 자책하게 되었습니다. 아이들이 중고등학생이 되면 엄마들이 우울증이 걸린다고 하던데 왜 그러는지 이해가 되었습니다.

아이가 어릴 때에는 엄마가 일일이 다 챙겨줘야 했다면 이제는 다른 종류의 감정적 지지를 해야 합니다. 고민 끝에 저는 조급한 마음을 버리기로 했습니다. 그러다 보니 우리 아이들이 잘 커왔다는 감사함이 생기고 저 역시 한 걸음 물러나서 그저 저와 아이들의 행복에 초점을 맞추게 되었습니다. 그러자 자연스레 여유가 생기고 아이들과 관계도 좋아졌습니다.

이처럼 제가 공부하는 엄마가 되라는 것이 대학 공부나 자격시험에 국한된 것은 아닙니다. 엄마가 정말 하고 싶은 공부를 하라는 것이지요. 저는 박사 과정까지 공부했지만 그 공부가 저에게는 큰 도움이 되지 않았습니다. 제가 정말 좋아하는 일이 아니었기 때문입니다.

좋아하는 일, 하고 싶은 일과 관련된 공부를 한다면 마흔 이후에 시작해도 결코 늦지 않습니다. 엄마만의 삶을 생각하고 작은 것부터 시작한다면 결국 엄마가 원하는 그 도착지까지 가게 될 것입니다. 마흔 살에 전공을 바꾸어 전문직이 되는 주부들도 있고, 출판사에서 편집장을 하다 10년 전 좋아하는 꽃을 취미로 배워 지금은 꽃 서점을 운영하는 플로리스트도 있습니다. 기자로 아프리카 봉사활동을 갔다가 의사란 직업은 어디서든 봉사할 수 있다는 것을 알고 그때부터 10년간 공부해서 의사가 된 엄마도 있습니다. 공부는 엄마가 원하는 가능성을 열어주는 가장 큰 열쇠입니다. 어떤 아빠는 기업에서 58세에 정년퇴직을 하고 2년 공부해서 공무원 시험에 합격했습니다. 공무원 생활 2년 후 정년퇴직을 해야 했지만 2년간의 공직 경험으로 퇴직 후 관련 업무를 하는 비영리사업을 시작할 수 있었습니다. 또 회사에 다니면서 농촌을 모르는 아이들에게 엄마가 자란 농촌을 알리기 위한 프로그램을 공부한 엄마는 결국 외갓집 프로그램을 개발했습니다.

학교 청소년 상담을 할 때면 "왜 공부해야 하는지 모르겠어요"라고 하는 학생들이 많습니다.

"그래야 네가 원하는 일을 할 수 있는 가능성이 많아지고 네가 선택할 수 있는 폭이 넓어져."

"그래도 내가 뭘 해야 하는지 모르겠는데 공부를 왜 해요?"

"혹시 공부가 싫은 건지 아니면 아직 하고 싶은 전공을 못 찾은 건지 생각해 봐. 조급해하지 말고 천천히 생각해도 돼. 대신 공부를 안 할 거라고 단정을 짓지 않았으면 좋겠어."

많은 엄마들이 저에게 오늘도 질문합니다.

"행복한 아이가 되려면 어떻게 하면 되죠?"

"아이가 공부를 잘하려면 어떻게 하면 되죠?"

그럼 저는 언제나 이렇게 대답합니다.

“엄마가 행복하면 아이도 행복하죠. 엄마가 한 단계씩 성장하고 있다면 아이 역시 그렇게 성장해요.”

“엄마가 공부하는 모습을 보여주면 아이는 스스로 공부하게 되죠.”

공부하는 아빠 노태권 씨가 아이들을 서울대에 보낼 수 있었던 이유도 바로 공부하는 아빠의 모습을 보여줬기 때문입니다.

불변의 원칙처럼 공부하는 엄마를 보면 아이는 책을 들게 됩니다. 이때 엄마의 공부를 엄마가 좋아하는 종목으로 선택해야 하는 이유는 엄마는 너무 많은 일과 스트레스로 머리가 굳어 있기 때문입니다. 좋아하는 종목이라야 배우는 동안 자신감도 생기고 몰입도 가능하니까요. 또 엄마가 재미있게 배우는 것을 보면 아이들은 공부하는 것이 조금 힘들어도 용기를 낼 것입니다. 엄마가 직장을 다녀도 아르바이트를 해도 취미 생활을 해도 선택의 귀로에서 공부하는 모습을 보여주기를 권합니다. 아이들은 위해 아이만 바라보면서 희생하는 엄마보다 공부하며 미래를 꿈꾸는 멋진 엄마를 아이도 원할 것입니다.

아이의 진정한 행복이 무엇인지 제대로 아는 엄마는 아이에게 연연하며 매달리는 것이 아니라 아이를 지지해 주고 격려해 주며 가끔은 뒤돌아 가는 아이를 기다려 줍니다. 저는 절대 잊지 않으려고 합니다. 우리 아이는 세상에 행복하기 위해서 태어났고 엄마인 나 역시 누군가의 딸로서 행복하기 위해서 태어났습니다. 그 사실을 기억하며 오늘도 한 발씩 성장하려고 합니다.

에필로그

세상에서 가장 잘한 일이 무엇이냐고 묻는다면 저는 언제나 두 아이의 엄마가 된 것이라고 대답합니다. 또 저희 엄마의 딸로 태어나 아낌없이 사랑을 받은 것도 축복이지요. 하지만 저는 한없는 엄마의 사랑이 당연하다고 생각하며 그 사랑에 감사할 줄 몰랐습니다.

친정엄마는 저와 12년을 함께 살며 두 아이를 키워주셨고, 큰아이 초등학교 졸업을 3개월 앞두고 더 이상 할머니 손이 필요 없다고 고향으로 내려가셨습니다. 고향에 내려가신 엄마는 매일 아이들 소식을 궁금해하셨고 이날도 정인이의 초등학교 졸업식 도중 전화를 하셨습니다.

"엄마, 왜?"

"그냥 뭐 하는지 궁금해서."

"정인이 졸업식인데 바빠서 나중에 할게."

"우리 정인이 졸업하는 거 나도 보고 싶은데…… 우리 정인이 너무너무 예쁘겠다."

엄마는 저에게 뭔가 더 이야기하려고 하셨지만 제가 바쁘다고 하니 아쉬워하시며 전화를 끊으셨어요.

아! 그것이 엄마와의 마지막 통화가 될 줄은 꿈에도 몰랐습니다. 며칠 후 엄마는 심장마비로 말 한마디 남기지 못하고 돌아가셨어요. 엄마의 죽음 이후 제 삶은 많이 달라졌습니다. 엄마가 저에게 했던 수많은 말들을 꺼내어보니 보석처럼 빛났던 말들과 야단치며 화냈던 말들이 차곡차곡 쌓여 있더라고요. 예전에는 엄마의 진심을 알려고 하지 않고 저에게 화내고 비교하며 상처 주었던 말만 되새기며 엄마를 미워했죠. 그런데 엄마가 돌아가신 후 저는 알게 되었어요. 엄마가 저에게 얼마나 많은 사랑과 격려의 말을 건네주셨는지를요. 저는 그 마음을 알지 못하고 엄마가 해주신 모든 사랑의 말들을 당연하다고 생각했습니다. 이런 저 자신이 미워 매일 밤 몰래 울었습니다. 엄마에게 사랑한다고 말하지 못해 후회스러웠고 엄마가 주신 사랑을 함부로 대해 부끄러웠고 엄마가 저를 걱정하는 말에 비아냥거려 죄스러웠습니다. 저는 엄마의 야단 한마디를 가시처럼 박아놓고 저를 사랑한다는 말은 가볍게 흘려보냈습니다.

사랑하는 사람이 떠난 후 우리의 삶은 180도 달라집니다. 사랑하는 사람이 우리 곁에 영원히 있지 않다는 것을 알아차리고 인생을 다시 돌아보고 가치관을 정립하기에는 너무 늦습니다. 무엇보다도 나 자신을 미워하며 후회하지 않길 바랍니다. 우리 아이들이 먼 훗날 엄마를 생각할 때 미안하고 죄스러운 마음보다 엄마와 나누었던 따뜻한 대화를 떠올리길 바랍니다.

아이가 방문을 닫는 것 역시 또 다른 헤어짐이라고 할 수 있습니다. 엄마는 아이가 가장 힘들고 외로운 순간 옆에 있어주고 가장 좋은 친구가 되고 싶은데 아이는 어느새 훌쩍 자라 자신의 방문을 닫습니다. 억지로 방문을 열려고 하면 할수록 아이는 더 꽁꽁 자신의 방문을 잠가버립니다. 어쩌면 사춘기 아이가 방문을 닫으면 스스로를 탐구하고 키워내는 성장의 시기로 접어들었다는 의미일 수도 있습니다. 우리는 그런 아이의 선택을 존중해야 합니다. 아이를 믿고 기다려주면 아이는 언젠가 다시 방문을 열 테니까요.

저는 수많은 책으로 자녀교육을 배웠다고 자만했습니다. 그런데 엄마가 돌아가신 후 저의 모습을 돌아보니 아이를 사랑한다는 이유로 제 멋대로 아이를 대하고 있었더라고요. 그래서 '우리 아이는 문제가 있어'에서 '나에게 문제가 있어'로 주어를 바꾸어 보았더니 눈물이 펑펑 쏟아질 정도로 아이에게 미안하고 죄스러웠습니다. 모든 것이 엄마인 저에게 시작된 것인데 그동안 저는 아이를 탓하며 다그쳤습니다.

어린아이를 키울 때는 사춘기 엄마들의 고민이 너무 먼 이야기 같았습니다. 그런데 하루 종일 엄마를 찾던 엄마바라기 아들이 쌩하니 자기 방문을 닫고 들어가는 모습을 처음 보면 말로 표현할 수 없는 충격이 밀려옵니다. 저는 갈 곳을 몰라 헤매는 기분이었습니다. 지금 당장은 아이가 늘 엄마를 따라다니니 아무 문제가 없어 보이지만 아이의 방문이 닫히는 순간 엄마가 죽을 만큼 눈물을 흘리며 노력해도 아이의 방문은 쉽게 열리지 않을 것입니다.

오늘 앨범 정리를 했습니다. 두 아이의 사진을 보며 기억을 되새깁니다. 10년 동안 아이들 사진을 비공개로 SNS에 저장했습니다. 아이들 사진을 보며 그때 그 사랑스러웠던 순간을 떠올려 봅니다. 엄마로서 힘들었던 순간에도 포기하지 않고 참 잘 성장했다고 나 자신을 칭찬합니다. 제가 아이들이 결혼할 때 주고 싶은 선물이 바로 어릴 적 성장과정이 들어 있던 앨범입니다. 앨범이 아이들에게 주는 유산이라고 생각하니 집 안에서의 일상을 더 많이 남기게 되네요. 요리 준비하는 모습, 청소하는 모습, 아이들과 시장 가는 모습, 산책하는 모습. 소소한 일상이 소중한 보물이 되었거든요.

엄마가 준비하기 전과 후는 많은 차이가 있습니다. 더 감사하며 살아야지, 오늘 이 순간 더 행복하게 살아야지 하는 마음이 들었습니다. 우리는 사랑하는 사람과 행복하게 오래오래 함께하기를 바라지만 언젠가 우리는 필연적으로 이별을 맞이하게 되겠지요. 그래서 삶에서 가장 큰 축복은 지금 이 순간의 일상을 즐기며 행복을 누리는 것입니다.

아이의 방문은 어느 날 갑자기 닫히는 것이 아니라 아주 서서히 닫힐 것입니다. 어쩌면 아이는 '엄마, 나 좀 봐줘요. 나를 제발 사랑해 줘요'라는 신호를 무수히 보내고 있을지도 모릅니다. 서서히 닫히는 아이의 방문을 억지로 열려고 하지 말고 지금 이 순간부터 엄마인 내가 행복한 사람이 되어 아이에게 일상의 행복을 선물하세요. 행복은 우리 집 부엌에서 아이와 장난감 놀이를 할 때, 시장 보러갈 때, 동네 산책을 할 때 찾아오는 것이거든요. 행복은 엄마와 아이들의 일상적인 대화 속에서 꽃처럼 피어나고 아이를 향한 엄마의 사랑도 피어납니다.

엄마란 이런 사람입니다. 내가 상 받았을 때보다 아이가 상 받을 때 훨씬 기쁘고 내가 웃을 때보다 아이의 웃는 얼굴을 보는 것이 너무도 행복해 함박웃음을 짓는 사람, 세상에 태어나 가장 잘한 것이 아이를 낳고 기른 일이라고 당당하게 말하는 사람, 다시 태어나도 아이와 함께 일상을 보내는 것이 축복이라고 생각하는 사람입니다.

우리는 한순간도 아이를 사랑하지 않은 적이 없는 엄마입니다.
이제 그 마음을 제대로 표현하기만 하면 됩니다.
그것만으로 충분합니다.
그것만으로 우리는 이미 훌륭한 엄마입니다.

나는 아이에게 왜 그렇게 말했을까?

아이의 방문이 닫히기 전에 다가가는 엄마의 대화법

초판 1쇄 발행 2021년 1월 18일

지은이 임혜수
펴낸곳 (주)행성비
펴낸이 임태주
책임편집 이세원
디자인 이유진
출판등록번호 제313-2010-208호
주소 경기도 파주시 문발로 119 모퉁이돌 303호
대표전화 031-8071-5913
팩스 0505-115-5917
이메일 hangseongb@naver.com
홈페이지 www.planetb.co.kr

ISBN 979-11-6471-138-3 (13590)